Paolo Maria Lancia

I0401444

Transizione energetica e impatti ambientali
Un'analisi critica

DICHIARAZIONE DI ESCLUSIONE DI RESPONSABILITÀ

Questo libro è stato redatto con intenti informativi ed educativi. L'autore ha fatto il possibile per garantire che le informazioni siano accurate. Tuttavia, non si assume alcuna responsabilità per eventuali errori, omissioni o interpretazioni errate delle informazioni contenute nel testo. I lettori sono invitati a consultare fonti adeguate e professionisti per verificare i contenuti e ricevere consigli specifici. Le informazioni fornite non costituiscono consulenze professionali. L'autore non è responsabile per danni derivanti dall'uso del materiale presentato nel libro.

MARCHI E DIRITTI DI PROPRIETÀ INTELLETTUALE

I marchi, loghi e nomi di prodotti citati in questo libro sono di proprietà dei rispettivi titolari. La loro menzione non implica alcun tipo di approvazione o legame con l'autore.

IMMAGINI

Questo libro non include immagini.

TERMINI E CONCETTI IN LINGUE STRANIERE

Nel testo sono presenti termini, parole e abbreviazioni in lingue diverse da quella del libro, legati al tema trattato. Per comprenderli appieno, è necessario conoscere il termine nella lingua originale, non nella lingua del libro. Per garantire coerenza e precisione, l'autore ha deciso di lasciare i termini in lingua originale, in modo da permettere ai lettori di apprenderli correttamente sin da subito.

RIPETIZIONI

Alcuni concetti o termini potrebbero essere ripetuti in vari capitoli per assicurare una comprensione completa e per il fatto che sono rilevanti in diversi contesti del libro. Questa ripetizione è voluta e serve a enfatizzare l'importanza di certi principi e pratiche. Ogni ripetizione è finalizzata a chiarire e consolidare meglio le nozioni presentate. È importante notare che ripetere concetti non significa che ci sia mancanza di varietà o originalità. Ogni ripetizione ha un contesto unico che può offrire nuove prospettive sugli argomenti già trattati. I lettori sono invitati a considerare queste ripetizioni come occasioni per rafforzare la loro comprensione e applicazione pratica delle nozioni, anziché come mera ridondanza.

Indice

Introduzione

Il Contesto Energetico Globale

L'evoluzione delle fonti energetiche: dalle risorse fossili alle rinnovabili

L'evoluzione delle fonti energetiche rappresenta un fenomeno di cruciale importanza, non solo per la comprensione del progresso tecnologico umano, ma anche per l'analisi delle dinamiche socio-economiche e ambientali che ne sono derivate. Da un punto di vista storico, il percorso che ha portato dalla dominanza delle risorse fossili alle moderne fonti rinnovabili è stato caratterizzato da un complesso intreccio di innovazione tecnologica, necessità economiche e mutamenti nelle politiche ambientali. La prima fase significativa dell'evoluzione energetica è identificabile con l'avvento dell'era industriale, dove il carbone emerse come la principale fonte energetica. Questa transizione verso un'economia basata sui combustibili fossili fu motivata dalla necessità di alimentare le nuove macchine industriali, un evento che innescò un'epoca di intensa industrializzazione. Il carbone, con la sua elevata densità energetica e la relativa facilità di estrazione e trasporto, divenne la colonna portante del progresso economico del XIX e XX secolo.

Successivamente, l'adozione del petrolio e del gas naturale segnò un'evoluzione significativa nell'ambito delle risorse fossili. Il petrolio, con le sue molteplici applicazioni, dall'alimentazione dei motori a combustione interna fino alla produzione di plastica e altri materiali sintetici, divenne il fulcro delle economie moderne. Tuttavia, questo modello energetico, caratterizzato da un intenso consumo di risorse non rinnovabili, iniziò a mostrare segni di insostenibilità ambientale e socio-economica, con l'emergere di problematiche legate alle emissioni di gas serra e alla dipendenza geopolitica dalle riserve di idrocarburi.

Il passaggio dalle risorse fossili alle fonti rinnovabili è stato un processo graduale e tuttora in corso, caratterizzato da una molteplicità di fattori tecnici, economici e politici. La crescente consapevolezza degli impatti ambientali negativi associati all'uso dei combustibili fossili, unita alla progressiva esauribilità di queste risorse, ha spinto verso la ricerca di alternative sostenibili.

Le fonti rinnovabili, come l'energia solare, eolica, idroelettrica e geotermica, offrono un potenziale energetico teoricamente illimitato e a basso impatto ambientale. Tuttavia, la transizione verso queste fonti non è priva di sfide. La natura intermittente di alcune fonti rinnovabili, come l'energia solare ed eolica, richiede lo sviluppo di avanzati sistemi di stoccaggio energetico e reti intelligenti per garantire una fornitura stabile e affidabile. Inoltre, l'integrazione delle rinnovabili nel mix energetico globale è condizionata da fattori economici, come i costi iniziali di investimento e la competitività rispetto alle fonti fossili sovvenzionate.

L'evoluzione tecnologica gioca un ruolo cruciale nella transizione energetica. Le innovazioni nell'ambito dei pannelli solari a film sottile, delle turbine eoliche ad alta efficienza e delle batterie a lunga durata sono solo alcuni degli esempi di come la tecnologia stia trasformando il panorama energetico. Parallelamente, si stanno sviluppando nuovi paradigmi energetici, come la decentralizzazione della produzione energetica e l'emergere delle "prosumer" communities, dove i consumatori diventano anche produttori di energia.

Un altro aspetto critico è l'integrazione delle tecnologie digitali nel sistema energetico, come l'uso dell'intelligenza artificiale per ottimizzare la gestione delle reti elettriche e la previsione della domanda energetica. Questi sviluppi rappresentano una svolta verso un sistema energetico più flessibile, efficiente e resiliente, capace di affrontare le sfide poste dalla transizione verso le fonti rinnovabili.

La transizione dalle risorse fossili alle rinnovabili comporta significative implicazioni ambientali e socio-economiche. Da un lato, ridurre la dipendenza dai combustibili fossili è essenziale per mitigare i cambiamenti climatici e ridurre l'inquinamento atmosferico e marino. Dall'altro, la trasformazione dei sistemi energetici richiede ingenti investimenti e una ristrutturazione delle economie, con implicazioni per l'occupazione e lo sviluppo industriale.

Inoltre, la diffusione delle energie rinnovabili può ridurre le disuguaglianze energetiche globali, migliorando l'accesso all'energia nelle regioni meno sviluppate. Tuttavia, per massimizzare i benefici e minimizzare i rischi, è necessario un approccio integrato che consideri non solo gli aspetti tecnologici ed economici, ma anche quelli sociali e ambientali.

In conclusione, l'evoluzione delle fonti energetiche rappresenta un viaggio complesso, ricco di sfide e opportunità. La transizione verso le energie rinnovabili è un passo fondamentale verso un futuro più sostenibile, ma richiede un impegno concertato da parte di governi, industria e società civile. Solo attraverso un approccio olistico e interdisciplinare sarà possibile realizzare un sistema energetico che risponda alle esigenze del presente senza compromettere la capacità delle future generazioni di soddisfare i propri bisogni energetici.

La crisi ambientale: urgenza di una transizione energetica sostenibile

La crisi ambientale che caratterizza il XXI secolo rappresenta una delle più gravi minacce alla stabilità ecologica e socio-economica del pianeta. Questa crisi, manifestata attraverso fenomeni come il cambiamento climatico, la perdita di biodiversità, l'inquinamento atmosferico e delle acque, è strettamente legata all'attuale modello di sviluppo energetico, dominato dall'uso intensivo di risorse fossili.

La crescente concentrazione di gas serra nell'atmosfera, principalmente dovuta alla combustione di combustibili fossili, ha portato a un aumento della temperatura media globale, innescando una serie di cambiamenti climatici che hanno conseguenze disastrose su scala globale. Scioglimento dei ghiacciai, innalzamento del livello del mare, eventi meteorologici estremi e alterazioni degli ecosistemi sono solo alcune delle manifestazioni tangibili di questa crisi climatica. Questi fenomeni non solo minacciano gli equilibri naturali, ma hanno anche implicazioni dirette sulla sicurezza alimentare, la salute umana e la stabilità economica.

L'urgenza di una transizione energetica sostenibile emerge come una risposta necessaria e imprescindibile a questa crisi. Tuttavia, il concetto di sostenibilità energetica va oltre la semplice sostituzione delle fonti fossili con quelle rinnovabili; richiede un ripensamento radicale del modo in cui l'energia viene prodotta, distribuita e consumata. Questo implica l'adozione di un approccio integrato che consideri non solo gli aspetti tecnologici ed economici, ma anche quelli ambientali, sociali e culturali.

Il passaggio verso un sistema energetico sostenibile richiede l'implementazione di soluzioni innovative e multifattoriali. Tra queste, l'efficienza energetica rappresenta un pilastro fondamentale. Migliorare l'efficienza energetica significa ridurre la quantità di energia necessaria per svolgere le stesse funzioni, diminuendo così il consumo di risorse e le emissioni di inquinanti. Questo può essere realizzato attraverso l'adozione di tecnologie avanzate, l'ottimizzazione dei processi produttivi e la promozione di comportamenti virtuosi da parte dei consumatori.

Parallelamente, è essenziale promuovere la diversificazione delle fonti energetiche, aumentando la quota di energia prodotta da fonti rinnovabili. Energia solare, eolica, idroelettrica e biomassa, tra le altre, offrono soluzioni per ridurre la dipendenza dai combustibili fossili e mitigare l'impatto ambientale della produzione energetica. Tuttavia, la transizione verso le rinnovabili pone sfide significative, tra cui la gestione dell'intermittenza delle fonti energetiche e la necessità di sviluppare infrastrutture adeguate per la distribuzione e lo stoccaggio dell'energia prodotta.

Un altro aspetto cruciale della transizione energetica è la decarbonizzazione dei settori ad alta intensità energetica, come l'industria, i trasporti e l'edilizia. La decarbonizzazione richiede l'adozione di tecnologie a basse emissioni di carbonio, come l'elettrificazione, l'idrogeno verde e la cattura e stoccaggio del carbonio (CCS). Inoltre, è necessario un cambiamento sistemico che integri la pianificazione urbana, le politiche di mobilità sostenibile e le pratiche di economia circolare, al fine di ridurre complessivamente la domanda energetica e l'impronta ecologica.

Le politiche pubbliche giocano un ruolo determinante nel guidare la transizione energetica verso la sostenibilità. La definizione di obiettivi ambiziosi per la riduzione delle emissioni di gas serra, il sostegno finanziario all'innovazione tecnologica, e la promozione di modelli di consumo responsabili sono azioni necessarie per accelerare il cambiamento. Inoltre, la cooperazione internazionale è cruciale per affrontare le sfide globali della crisi ambientale, promuovendo il trasferimento di tecnologie pulite e il sostegno ai paesi in via di sviluppo nella loro transizione energetica.

Infine, la crisi ambientale ci ricorda l'importanza di adottare una visione a lungo termine, che tenga conto delle generazioni future. La sostenibilità non può essere raggiunta senza un cambiamento culturale che riconosca il valore intrinseco dell'ambiente e la necessità di preservarlo per i nostri discendenti. In questo contesto, l'educazione e la sensibilizzazione della società civile sono strumenti fondamentali per promuovere un cambiamento consapevole e duraturo.

In conclusione, la crisi ambientale impone una trasformazione profonda del nostro sistema energetico. La transizione verso la sostenibilità energetica è non solo una necessità per affrontare le sfide climatiche e ambientali, ma rappresenta anche un'opportunità per costruire un futuro più equo, resiliente e sostenibile. Tuttavia, questa transizione richiede impegno, innovazione e cooperazione a tutti i livelli della società. Solo attraverso un approccio olistico e concertato sarà possibile affrontare con successo le sfide della crisi ambientale e garantire un futuro prospero e sostenibile per tutti.

Scopo e struttura del libro: un'analisi critica del rapporto tra energia e ambiente

Il rapporto tra energia e ambiente rappresenta una delle questioni più intricate e di grande rilevanza nell'ambito delle scienze ambientali e delle politiche pubbliche. L'obiettivo di questo libro è esplorare in profondità questo legame complesso, esaminando come le scelte energetiche influenzino gli ecosistemi globali, le dinamiche climatiche e la sostenibilità delle società umane. Attraverso un'analisi critica e multidisciplinare, questo testo si propone di offrire una comprensione articolata delle sfide e delle opportunità che emergono dall'intersezione tra energia e ambiente.

Scopo del Libro

Il primo scopo di questo libro è fornire una panoramica dettagliata e critica delle diverse fonti energetiche, evidenziandone non solo i benefici, ma anche gli impatti ambientali e le limitazioni intrinseche. Questo approccio permette di andare oltre la semplice descrizione tecnica delle tecnologie energetiche, per arrivare a una valutazione più profonda delle implicazioni ambientali a lungo termine.

Un altro obiettivo fondamentale è esplorare le dinamiche della transizione energetica verso fonti più sostenibili. Questo implica non solo una valutazione delle tecnologie emergenti, ma anche un'analisi delle politiche energetiche e dei modelli di consumo che stanno plasmando il futuro del nostro sistema energetico. Il libro intende così fornire ai lettori una comprensione complessiva delle forze che guidano la transizione verso un'economia a basse emissioni di carbonio, evidenziando le opportunità e le sfide che accompagnano questo processo.

Inoltre, il libro mira a sensibilizzare il lettore sull'urgenza della crisi ambientale attuale e sulla necessità di una risposta concertata e immediata. In un contesto in cui le emissioni di gas serra continuano a crescere e le risorse naturali si riducono, è fondamentale comprendere l'importanza di adottare strategie energetiche che siano realmente sostenibili. Questo testo vuole dunque stimolare una riflessione critica su come le scelte energetiche possano essere guidate da principi di sostenibilità ambientale, giustizia sociale ed equità intergenerazionale.

Struttura del Libro

La struttura del libro è stata concepita per guidare il lettore attraverso un percorso logico e progressivo, che parte dalle fondamenta teoriche e storiche del rapporto tra energia e ambiente, per poi esplorare le soluzioni contemporanee e future.

Introduzione Il libro inizia con un'introduzione che fornisce il contesto storico ed economico dell'evoluzione delle fonti energetiche, delineando il passaggio dalle risorse fossili alle energie rinnovabili. Questa sezione funge da base per comprendere le dinamiche della transizione energetica e le motivazioni che spingono verso un cambiamento del paradigma energetico globale.

Parte I: Le Fonti Energetiche e il loro Impatto Ambientale La prima parte del libro è dedicata all'analisi delle diverse fonti energetiche, con un focus particolare sui loro impatti ambientali. Questa sezione si occupa di descrivere in dettaglio le risorse fossili, evidenziando le criticità legate all'uso di carbone, petrolio e gas naturale. Successivamente, viene esplorato il ruolo crescente delle energie rinnovabili, analizzando non solo i benefici, ma anche le sfide tecnologiche ed ecologiche connesse alla loro diffusione.

Parte II: Modelli di Consumo Energetico e Politiche Ambientali La seconda parte del libro si concentra sui modelli di consumo energetico e sulle politiche ambientali. In questa sezione, vengono analizzati i trend globali del consumo energetico, con una particolare attenzione alle differenze tra le economie sviluppate e quelle in via di sviluppo. Inoltre, viene esplorato il ruolo delle politiche pubbliche nella promozione della sostenibilità energetica, con un focus su trattati internazionali, regolamentazioni nazionali e meccanismi di mercato come il carbon pricing.

Parte III: Scenari Futuri e Innovazioni La terza parte del libro guarda al futuro, esplorando scenari possibili e innovazioni tecnologiche che potrebbero ridefinire il panorama energetico globale. Questa sezione include un'analisi delle tecnologie emergenti, come l'energia da fusione, le reti intelligenti e i sistemi avanzati di stoccaggio energetico. Inoltre, vengono esplorate le implicazioni socio-economiche della transizione energetica, considerando le potenziali disuguaglianze e le opportunità di sviluppo sostenibile.

Conclusioni Il libro si conclude con una riflessione sulle sfide e le opportunità future del rapporto tra energia e ambiente. Questa sezione finale intende riassumere i punti chiave emersi nel corso del testo, offrendo al lettore una visione integrata delle strategie necessarie per affrontare la crisi ambientale e costruire un sistema energetico più sostenibile e resiliente.

In sintesi, questo libro è concepito non solo come una risorsa informativa, ma anche come uno strumento di riflessione critica. Attraverso l'analisi approfondita delle questioni energetiche e ambientali, il testo vuole contribuire al dibattito attuale su come costruire un futuro sostenibile, fornendo al lettore gli strumenti concettuali e analitici necessari per comprendere e affrontare le sfide del nostro tempo.

Concetti Fondamentali

"Per comprendere le cose, dobbiamo prima accettare che esiste una verità più grande di quella che possiamo vedere." – Albert Einstein

Energia e Ambiente: Definizioni e Interconnessioni

Il legame tra energia e ambiente costituisce uno dei temi più complessi e sfaccettati nell'ambito delle scienze naturali e sociali. Comprendere appieno questo rapporto richiede non solo una chiara definizione dei termini, ma anche un'analisi delle interconnessioni dinamiche e multidimensionali che esistono tra questi due ambiti. In questo capitolo, esploreremo le definizioni fondamentali di "energia" e "ambiente", esaminando come queste nozioni si intrecciano per influenzare i processi ecologici, economici e sociali.

Definizione di Energia

L'energia, in senso fisico, può essere definita come la capacità di compiere un lavoro, ossia di provocare un cambiamento nello stato di un sistema o di un oggetto. Essa si manifesta in diverse forme, tra cui l'energia cinetica, potenziale, termica, chimica, elettrica e nucleare. Queste forme di energia sono interconvertibili attraverso processi fisici e chimici, e la loro conservazione è uno dei principi fondamentali della fisica.

Nel contesto delle scienze ambientali, l'energia assume un ruolo cruciale come risorsa necessaria per sostenere le attività umane. La produzione e il consumo di energia sono alla base dello sviluppo economico e del progresso tecnologico, ma comportano anche significative implicazioni ambientali. La fonte da cui l'energia viene generata, e il modo in cui viene utilizzata, determinano l'entità degli impatti ambientali associati, che possono variare dall'inquinamento atmosferico alla distruzione degli ecosistemi, fino alle emissioni di gas serra responsabili del cambiamento climatico.

Definizione di Ambiente

L'ambiente, d'altro canto, può essere definito come l'insieme delle condizioni fisiche, chimiche e biologiche che circondano e influenzano gli organismi viventi. Esso include non solo gli elementi naturali, come l'aria, l'acqua, il suolo e la biodiversità, ma anche quelli antropici, ossia le modifiche apportate dagli esseri umani attraverso l'urbanizzazione, l'agricoltura, l'industria e altre attività economiche.

L'ambiente è un sistema complesso e interconnesso, dove ogni componente è in relazione con le altre. Le attività umane, soprattutto quelle legate alla produzione e al consumo di energia, hanno un impatto diretto e indiretto su questo sistema, alterando gli equilibri naturali e influenzando la qualità dell'aria, dell'acqua, del suolo e della vita sulla Terra.

Le Interconnessioni tra Energia e Ambiente

Le interconnessioni tra energia e ambiente sono molteplici e profonde. Ogni fase del ciclo energetico – dall'estrazione delle risorse, alla produzione, alla distribuzione e al consumo – ha ripercussioni ambientali significative. Comprendere queste interconnessioni è essenziale per valutare le scelte energetiche e sviluppare strategie sostenibili.

1. Impatto delle Fonti Energetiche sull'Ambiente Le diverse fonti energetiche presentano distinti profili di impatto ambientale. Le fonti fossili, come carbone, petrolio e gas naturale, sono storicamente le più utilizzate, ma sono anche le più inquinanti. La loro combustione rilascia grandi quantità di anidride carbonica (CO_2) e altri gas serra, contribuendo al cambiamento climatico. Inoltre, l'estrazione di queste risorse provoca spesso degrado ambientale, inquinamento delle acque e distruzione degli habitat naturali.

Le fonti rinnovabili, come l'energia solare, eolica e idroelettrica, offrono alternative a basso impatto ambientale, ma non sono esenti da criticità. Ad esempio, la costruzione di grandi dighe idroelettriche può alterare il regime idrologico dei fiumi, con effetti negativi sulla biodiversità acquatica e sulle comunità umane che dipendono da tali risorse. Allo stesso modo, l'installazione di parchi eolici e fotovoltaici richiede l'uso di ampie superfici di terreno, il che può competere con altri usi del suolo e provocare cambiamenti negli ecosistemi locali.

2. L'Effetto del Consumo Energetico sull'Ambiente Il consumo energetico influisce direttamente sull'ambiente attraverso le emissioni di inquinanti atmosferici e la produzione di rifiuti. La domanda crescente di energia ha portato a un aumento delle emissioni di CO_2, con conseguenze devastanti per il clima globale. Inoltre, il consumo di energia ha impatti indiretti, come la deforestazione per fare spazio alle infrastrutture energetiche, l'inquinamento delle acque a causa delle attività estrattive e lo sfruttamento intensivo delle risorse naturali.

L'efficienza energetica, intesa come la capacità di utilizzare meno energia per ottenere gli stessi risultati, rappresenta un elemento chiave per ridurre l'impatto ambientale del consumo energetico. Migliorare l'efficienza energetica nelle industrie, nei trasporti, e nelle abitazioni può contribuire significativamente a ridurre le emissioni di gas serra e a conservare le risorse naturali.

3. Il Cambiamento Climatico come Conseguenza della Relazione tra Energia e Ambiente Il cambiamento climatico è forse l'esempio più evidente e preoccupante dell'interconnessione tra energia e ambiente. La dipendenza dalle fonti fossili ha portato a un aumento delle concentrazioni di gas serra nell'atmosfera, principalmente CO_2, metano (CH_4) e ossidi di azoto (NO_x). Questi gas intrappolano il calore nel pianeta, alterando i modelli climatici globali e causando fenomeni come il riscaldamento globale, l'acidificazione degli oceani e l'intensificazione degli eventi meteorologici estremi.

La lotta contro il cambiamento climatico richiede un cambio radicale nei modelli di produzione e consumo energetico. La transizione verso fonti energetiche a basse emissioni di carbonio, insieme all'adozione di pratiche di sostenibilità ambientale, è fondamentale per limitare i danni climatici e proteggere gli ecosistemi globali.

Conclusioni: Una Visione Integrata di Energia e Ambiente

Le interconnessioni tra energia e ambiente evidenziano la necessità di adottare un approccio integrato per affrontare le sfide globali della sostenibilità. La gestione delle risorse energetiche deve essere strettamente allineata con la protezione dell'ambiente, considerando non solo gli impatti a breve termine, ma anche le implicazioni a lungo termine per le future generazioni.

Questo libro si propone di esplorare queste tematiche attraverso un'analisi critica e multidisciplinare, offrendo al lettore gli strumenti concettuali per comprendere le complesse dinamiche tra energia e ambiente. Solo attraverso una comprensione profonda di queste interconnessioni sarà possibile sviluppare strategie efficaci per promuovere un futuro energetico sostenibile e proteggere il nostro pianeta.

Principi di Termodinamica Applicati ai Sistemi Energetici

La termodinamica, la branca della fisica che studia le relazioni tra il calore e altre forme di energia, gioca un ruolo fondamentale nella progettazione e nell'analisi dei sistemi energetici. Questo capitolo esplorerà i principi di base della termodinamica e come essi si applicano ai sistemi energetici, fornendo una comprensione critica di come l'energia viene trasformata, trasferita e utilizzata nei vari processi industriali e tecnologici.

Principi Fondamentali della Termodinamica

La termodinamica si basa su quattro principi fondamentali che governano i processi energetici:

1. Il Primo Principio della Termodinamica: La Legge della Conservazione dell'Energia Il primo principio della termodinamica afferma che l'energia non può essere né creata né distrutta; può solo essere trasformata da una forma all'altra. In altre parole, l'energia totale di un sistema isolato rimane costante. Questo principio è fondamentale per comprendere come l'energia viene trasferita e trasformata nei sistemi energetici. Ad esempio, in una centrale elettrica, l'energia chimica del combustibile viene convertita in energia termica attraverso la combustione, e successivamente in energia meccanica mediante una turbina, fino a diventare energia elettrica.

2. Il Secondo Principio della Termodinamica: L'Entropia e l'Irreversibilità dei Processi Il secondo principio della termodinamica introduce il concetto di entropia, che è una misura del disordine o della dispersione dell'energia all'interno di un sistema. Esso afferma che in ogni processo energetico reale, l'entropia totale di un sistema isolato tende ad aumentare, riflettendo la natura irreversibile dei processi e la perdita inevitabile di energia utile. Questo principio implica che non è possibile costruire una macchina perfettamente efficiente, poiché una parte dell'energia sarà sempre dispersa sotto forma di calore non utilizzabile.

3. Il Terzo Principio della Termodinamica: La Legge della Termodinamica a Temperatura Zero Il terzo principio della termodinamica stabilisce che, man mano che la temperatura di un sistema si avvicina allo zero assoluto, l'entropia di un sistema perfettamente cristallino si avvicina a zero. Questo principio, sebbene meno direttamente applicabile nella maggior parte dei sistemi energetici quotidiani, fornisce una base teorica per comprendere il comportamento delle sostanze a temperature estremamente basse e ha implicazioni per la progettazione di tecnologie criogeniche.

4. Il Quarto Principio della Termodinamica: Il Principio di Equilibrio Termodinamico Il quarto principio, meno noto ma altrettanto importante, riguarda l'equilibrio termodinamico e afferma che un sistema energetico in equilibrio non subisce variazioni nette di energia o di stato. Questo principio è essenziale per la progettazione di sistemi energetici stabili e per la previsione delle prestazioni a lungo termine delle tecnologie energetiche.

Applicazioni dei Principi di Termodinamica ai Sistemi Energetici

L'applicazione dei principi di termodinamica ai sistemi energetici è cruciale per comprendere e ottimizzare l'efficienza e le prestazioni di questi sistemi. Di seguito sono esplorati alcuni dei principali ambiti di applicazione:

1. Cicli Termodinamici nei Sistemi di Generazione Energetica I cicli termodinamici sono alla base della progettazione delle centrali elettriche e di molti altri sistemi energetici. I cicli più comuni includono il ciclo Rankine, il ciclo di Carnot e il ciclo di Brayton.

- **Ciclo Rankine:** Utilizzato nelle centrali termoelettriche, questo ciclo descrive la conversione dell'energia termica in energia meccanica attraverso l'uso di un fluido di lavoro che cambia stato tra liquido e vapore. L'efficienza del ciclo Rankine è limitata dalla temperatura a cui avviene la condensazione e dalla temperatura a cui avviene l'ebollizione del fluido di lavoro.

- **Ciclo di Carnot:** Rappresenta il ciclo termodinamico ideale che fornisce il massimo possibile di efficienza in un sistema di conversione energetica. Sebbene non realizzabile nella pratica a causa delle perdite inevitabili, il ciclo di Carnot serve come riferimento per confrontare l'efficienza dei cicli reali.

- **Ciclo di Brayton:** Utilizzato nei motori a gas e nelle centrali a ciclo combinato, questo ciclo descrive la trasformazione dell'energia termica in energia meccanica attraverso l'espansione e la compressione di un gas.

2. Efficienza Energetica e Bilancio Energetico Il concetto di efficienza energetica è strettamente legato al secondo principio della termodinamica. L'efficienza di un sistema energetico è definita come il rapporto tra l'energia utile prodotta e l'energia consumata. La realizzazione di alta efficienza implica minimizzare le perdite di energia, come la dispersione termica e l'attrito, e migliorare l'ottimizzazione dei processi. Il bilancio energetico, che considera tutte le forme di energia in ingresso e in uscita da un sistema, è essenziale per la valutazione delle prestazioni e dell'efficienza.

3. Processi di Conversione e Trasferimento di Energia I principi di termodinamica sono fondamentali per comprendere i vari processi di conversione e trasferimento di energia. Ad esempio, nei processi di combustione, l'energia chimica del combustibile viene convertita in energia termica, che successivamente viene trasferita a un fluido di lavoro. La progettazione di sistemi di stoccaggio energetico, come le batterie e i supercondensatori, richiede un'attenta considerazione delle trasformazioni energetiche e delle perdite associate.

4. Impatti Ambientali e Termodinamica I principi di termodinamica hanno anche implicazioni per la sostenibilità ambientale. Le perdite di energia e le inefficienze nei sistemi energetici contribuiscono alle emissioni di gas serra e al degrado ambientale. L'ottimizzazione dei processi energetici e l'adozione di tecnologie più efficienti possono contribuire a ridurre l'impatto ambientale e a promuovere un uso più sostenibile delle risorse.

Conclusioni

La termodinamica fornisce una base teorica essenziale per comprendere il funzionamento e le limitazioni dei sistemi energetici. I principi fondamentali di questa disciplina non solo guidano la progettazione e l'ottimizzazione delle tecnologie energetiche, ma anche la valutazione dei loro impatti ambientali e l'adozione di pratiche sostenibili. Una comprensione approfondita di questi principi è cruciale per affrontare le sfide legate all'energia e per promuovere un futuro energetico più efficiente e rispettoso dell'ambiente.

Sostenibilità: una prospettiva multidimensionale

La sostenibilità è un concetto che abbraccia una vasta gamma di dimensioni e prospettive, riflettendo la complessità delle sfide globali che affrontiamo. La sua comprensione richiede un'analisi che vada oltre i confini delle singole discipline, integrando aspetti ambientali, economici, sociali e culturali. Questo capitolo esplora la sostenibilità da una prospettiva multidimensionale, evidenziando le interconnessioni tra i vari ambiti e le implicazioni per la pianificazione e la gestione delle risorse.

La sostenibilità ambientale è probabilmente l'aspetto più discusso del concetto. Essa si riferisce alla capacità di mantenere gli equilibri ecologici e di preservare le risorse naturali per le generazioni future. Questo implica la riduzione dell'impatto ambientale delle attività umane, attraverso la gestione responsabile delle risorse, la minimizzazione degli sprechi e la riduzione delle emissioni di inquinanti. La sostenibilità ambientale include la conservazione della biodiversità, la protezione degli ecosistemi e la gestione dei cicli nutrienti, tutti elementi essenziali per mantenere la salute del pianeta.

Parallelamente, la sostenibilità economica riguarda la creazione di valore duraturo e la promozione di uno sviluppo economico che sia equo e inclusivo. Questo implica la gestione efficace delle risorse finanziarie e materiali, l'innovazione tecnologica e la promozione di pratiche commerciali responsabili. La sostenibilità economica cerca di garantire che le attività economiche contribuiscano al benessere delle società e delle comunità, senza compromettere la capacità delle future generazioni di soddisfare i propri bisogni. Questo include anche la considerazione di costi esterni e impatti ambientali, che spesso non vengono contabilizzati nei modelli economici tradizionali.

Un'altra dimensione fondamentale è la sostenibilità sociale, che si concentra sul miglioramento della qualità della vita e sull'equità sociale. Essa include la promozione della giustizia sociale, il rispetto dei diritti umani e la creazione di comunità resilienti e coese. La sostenibilità sociale implica la partecipazione inclusiva nelle decisioni, l'accesso equo alle risorse e opportunità e la riduzione delle disuguaglianze. Questo aspetto è cruciale per garantire che i benefici dello sviluppo siano distribuiti in modo equo e che nessun gruppo sia lasciato indietro.

La sostenibilità culturale è spesso meno discussa, ma è altrettanto importante. Essa riguarda la preservazione e il rispetto delle diversità culturali e delle tradizioni locali. La sostenibilità culturale riconosce il valore delle pratiche culturali e dei patrimoni locali, promuovendo la loro integrazione nelle strategie di sviluppo sostenibile. Questo implica anche il riconoscimento e il supporto delle conoscenze tradizionali e delle pratiche locali che possono contribuire alla sostenibilità ambientale e sociale.

Le interconnessioni tra questi diversi aspetti della sostenibilità sono evidenti: la sostenibilità ambientale, economica, sociale e culturale non possono essere considerate in isolamento. Ad esempio, le politiche ambientali che non tengono conto delle conseguenze economiche e sociali potrebbero avere effetti negativi su comunità vulnerabili. Allo stesso modo, uno sviluppo economico che ignora l'impatto ambientale e sociale potrebbe compromettere la qualità della vita e la salute degli ecosistemi.

La pianificazione e la gestione sostenibile richiedono un approccio integrato che consideri tutte queste dimensioni. Le strategie di sviluppo sostenibile devono essere progettate in modo da bilanciare le esigenze ambientali, economiche e sociali, garantendo che le azioni intraprese oggi non compromettono la capacità delle generazioni future di soddisfare i propri bisogni. Questo implica la collaborazione tra governi, imprese, organizzazioni non governative e comunità locali, al fine di sviluppare soluzioni che siano efficaci, equi e rispettosi del contesto culturale.

In sintesi, la sostenibilità è un concetto complesso e multidimensionale che richiede una visione olistica e integrata. Affrontare le sfide della sostenibilità implica non solo una comprensione approfondita delle varie dimensioni, ma anche un impegno a livello globale e locale per promuovere pratiche che siano ambientale, economicamente e socialmente sostenibili. Solo attraverso un approccio integrato sarà possibile costruire un futuro sostenibile e resiliente per tutti.

Parte I: Le Fonti Energetiche e il loro Impatto Ambientale

"La nostra sfida non è solo quella di trovare nuove fonti di energia, ma di farlo in modo che il nostro pianeta sopravviva." – Al Gore

Fonti di Energia Fossile

"Non ereditiamo la Terra dai nostri antenati, la prendiamo in prestito dai nostri figli." – Proverbio Navajo

Combustibili Fossili: Carbone, Petrolio e Gas Naturale

I combustibili fossili—carbone, petrolio e gas naturale—sono stati per lungo tempo le principali fonti di energia a livello globale. Secondo l'International Energy Agency (IEA), nel 2023, i combustibili fossili hanno costituito circa l'80% della produzione mondiale di energia primaria. Sebbene abbiano alimentato il progresso industriale e il miglioramento della qualità della vita in molte parti del mondo, il loro uso comporta significative sfide ambientali e sociali. Questo capitolo esamina le caratteristiche, le applicazioni e gli impatti ambientali di questi tre principali combustibili fossili, fornendo una panoramica critica delle loro implicazioni.

Il carbone, una delle fonti di energia più antiche, è composto principalmente da carbonio e si forma dalla decomposizione di materiale vegetale sotto alte pressioni e temperature. La combustione di carbone è responsabile per circa il 40% delle emissioni globali di CO_2 legate all'energia (IEA). Il suo uso risale alla Rivoluzione Industriale, quando divenne il principale combustibile per la produzione di energia elettrica e il riscaldamento. Nonostante la sua abbondanza e il basso costo, il carbone è associato a gravi impatti ambientali. La combustione del carbone rilascia grandi quantità di anidride carbonica (CO_2), contribuendo significativamente al cambiamento climatico. Inoltre, il carbone è responsabile dell'emissione di altri inquinanti atmosferici, come ossidi di zolfo (SO_x) e ossidi di azoto (NO_x), che possono causare piogge acide e deterioramento della qualità dell'aria. L'estrazione del carbone, sia attraverso miniere sotterranee che a cielo aperto, ha anche effetti devastanti sui paesaggi, sull'acqua e sulla biodiversità.

Il petrolio, un combustibile liquido formato dalla decomposizione di materia organica sepolta sotto sedimenti marini, è stato il principale carburante per i trasporti e un'importante materia prima per l'industria chimica. La combustione di gas naturale emette circa 50% meno CO_2 per unità di energia rispetto al carbone (IEA). La scoperta del petrolio ha avuto un impatto trasformativo sull'economia globale, con il suo uso che si è espanso per alimentare veicoli, aerei e navi, e per produrre una vasta gamma di prodotti, dai plastici ai fertilizzanti. Tuttavia, la produzione e il consumo di petrolio hanno conseguenze ambientali rilevanti. La combustione di petrolio rilascia CO_2 e altri gas serra, e le fuoriuscite di petrolio possono provocare gravi danni agli ecosistemi marini e terrestri. Inoltre, l'estrazione del petrolio può portare alla contaminazione delle acque sotterranee e alla distruzione di habitat naturali.

Il gas naturale, composto principalmente da metano (CH_4), è considerato un combustibile fossile relativamente più pulito rispetto al carbone e al petrolio. È stato adottato ampiamente per la generazione di elettricità, il riscaldamento domestico e come materia prima per l'industria chimica. La combustione di gas naturale emette meno CO_2 per unità di energia rispetto al carbone e al petrolio, e produce meno inquinanti atmosferici. Tuttavia, il gas naturale non è privo di impatti ambientali. Le perdite di metano durante l'estrazione e il trasporto possono contribuire al cambiamento climatico, poiché il metano è un potente gas serra. Inoltre, l'estrazione di gas naturale tramite fracking può comportare rischi significativi per le risorse idriche e la stabilità dei terreni.

Tutti e tre i combustibili fossili condividono alcune problematiche comuni, come le emissioni di gas serra e l'inquinamento ambientale, ma presentano anche caratteristiche e impatti distintivi. Le perdite di metano durante la produzione e il trasporto di gas naturale sono responsabili di circa il 10% delle emissioni totali di metano a livello globale (EPA). La continua dipendenza da questi combustibili solleva preoccupazioni significative per il futuro della nostra planetaria, e la transizione verso fonti di energia più sostenibili è diventata una questione cruciale.

Affrontare le sfide legate all'uso dei combustibili fossili richiede una comprensione approfondita dei loro effetti ambientali e sociali. Secondo il rapporto del IPCC (Intergovernmental Panel on Climate Change), per limitare il riscaldamento globale a 1,5°C, le emissioni globali di CO_2 devono ridursi del 45% entro il 2030. È essenziale valutare non solo le conseguenze immediate dell'estrazione e della combustione, ma anche le implicazioni a lungo termine per il clima globale e la salute degli ecosistemi. Le strategie di mitigazione e adattamento devono includere non solo l'adozione di tecnologie più pulite e efficienti, ma anche un cambiamento nei modelli di consumo e produzione di energia.

In sintesi, mentre i combustibili fossili hanno giocato un ruolo cruciale nello sviluppo economico e tecnologico, il loro utilizzo comporta significative sfide ambientali. Le riserve di combustibili fossili esistenti sono stimate per durare ancora circa 50 anni al ritmo attuale di consumo (BP Statistical Review, 2022). Una comprensione critica di queste sfide è fondamentale per orientare la transizione verso fonti di energia più sostenibili e per promuovere una gestione più responsabile delle risorse naturali.

Impatti Ambientali: Emissioni di CO_2, Inquinamento dell'Aria e dell'Acqua

Gli impatti ambientali associati alla produzione e al consumo di energia sono complessi e variegati, e comprendono le emissioni di anidride carbonica (CO_2), l'inquinamento dell'aria e l'inquinamento dell'acqua. Questi effetti non solo compromettono la qualità dell'ambiente, ma hanno anche conseguenze dirette sulla salute umana e sugli ecosistemi naturali.

Le emissioni di CO_2 sono una delle principali preoccupazioni ambientali legate ai combustibili fossili. La combustione di carbone, petrolio e gas naturale rilascia grandi quantità di CO_2, un gas serra che contribuisce al riscaldamento globale e ai cambiamenti climatici. Il CO_2 ha una lunga vita atmosferica e, anche se le emissioni cessassero completamente, il suo effetto sul clima persisterebbe per decenni. L'accumulo di CO_2 nell'atmosfera altera il bilancio energetico della Terra, causando l'aumento delle temperature globali, lo scioglimento dei ghiacci, l'innalzamento del livello del mare e la modifica dei modelli meteorologici. Questi cambiamenti hanno ripercussioni su ecosistemi e comunità, contribuendo a eventi climatici estremi come uragani più intensi e ondate di calore.

L'inquinamento dell'aria è un'altra grave conseguenza dell'uso di combustibili fossili. La combustione di carbone e petrolio rilascia non solo CO_2, ma anche altri inquinanti atmosferici, come ossidi di zolfo (SO_2), ossidi di azoto (NO_x), particolato fine e composti organici volatili. Questi inquinanti possono causare problemi respiratori, cardiovascolari e neurologici nelle persone, e sono anche responsabili di fenomeni come le piogge acide. Le piogge acide si verificano quando gli ossidi di azoto e lo zolfo si combinano con l'umidità atmosferica per formare acidi che poi ricadono al suolo. Questo fenomeno può danneggiare le coltivazioni, acidificare i corpi idrici e alterare gli ecosistemi terrestri.

L'inquinamento dell'acqua è strettamente collegato alle attività di estrazione e produzione energetica. Le miniere di carbone, i pozzi petroliferi e le strutture di fracking possono contaminare le risorse idriche attraverso la dispersione di sostanze tossiche e il rilascio di metalli pesanti. Le fuoriuscite di petrolio, ad esempio, possono avere effetti devastanti sugli ecosistemi marini e costieri, uccidendo fauna acquatica e contaminando le risorse idriche. Inoltre, le acque reflue provenienti da centrali elettriche e impianti industriali possono contenere sostanze chimiche nocive che, se non trattate adeguatamente, possono compromettere la qualità dell'acqua potabile e influire sulla salute delle comunità.

Oltre a questi effetti diretti, l'uso di combustibili fossili contribuisce a una serie di impatti indiretti. La deforestazione per fare spazio a infrastrutture energetiche o per l'estrazione di risorse minerarie riduce la capacità degli ecosistemi di assorbire CO_2 e di mantenere l'equilibrio del ciclo del carbonio. La perdita di habitat e la diminuzione della biodiversità sono conseguenze collaterali che aggravano ulteriormente la crisi ambientale.

Affrontare questi impatti ambientali richiede un approccio integrato che comprenda sia la mitigazione che l'adattamento. La mitigazione può includere la riduzione delle emissioni attraverso l'adozione di tecnologie più pulite e l'efficienza energetica, mentre l'adattamento implica la preparazione e la gestione dei cambiamenti ambientali inevitabili. Le politiche e le pratiche dovrebbero mirare a minimizzare gli impatti negativi sull'aria e sull'acqua, proteggere gli ecosistemi e promuovere la sostenibilità a lungo termine.

In sintesi, gli impatti ambientali delle emissioni di CO_2, dell'inquinamento dell'aria e dell'acqua sono ampi e complessi. La comprensione e la gestione di questi effetti sono essenziali per garantire un ambiente sano e per proteggere la qualità della vita delle generazioni future. Solo attraverso una combinazione di tecnologie avanzate, politiche efficaci e cambiamenti nei comportamenti possiamo sperare di ridurre questi impatti e promuovere un futuro più sostenibile.

Tecnologie di Mitigazione: Carbon Capture and Storage (CCS) e tecniche di riduzione delle emissioni

Nel contesto della crescente preoccupazione per le emissioni di gas serra e il cambiamento climatico, le tecnologie di mitigazione emergono come strumenti cruciali per contenere e ridurre le concentrazioni di anidride carbonica (CO_2) nell'atmosfera. Le due principali strategie in questo ambito sono il Carbon Capture and Storage (CCS) e le tecniche di riduzione delle emissioni, ciascuna con le proprie metodologie, sfide e potenzialità.

Il Carbon Capture and Storage (CCS) è una tecnologia progettata per catturare l'anidride carbonica emessa da impianti industriali e centrali elettriche, evitando così che il CO_2 raggiunga l'atmosfera. Il processo di CCS si articola in tre fasi principali: cattura, trasporto e stoccaggio.

La cattura del CO_2 può avvenire tramite diverse tecniche, inclusa la cattura pre-combustione, post-combustione e l'ossicombustione. Nella cattura pre-combustione, il carbone o il gas naturale viene convertito in un gas di sintesi contenente CO_2 e idrogeno, permettendo la separazione del CO_2 prima della combustione. Nella cattura post-combustione, il CO_2 viene estratto dai gas di combustione attraverso processi chimici o fisici. L'ossicombustione implica la combustione di combustibili in un ambiente ricco di ossigeno, producendo un flusso di gas di scarico quasi puramente costituito da CO_2 e vapore acqueo.

Una volta catturato, il CO_2 viene trasportato tramite pipeline o trasporto marittimo verso siti di stoccaggio. Le tecnologie di trasporto devono garantire la sicurezza e l'efficienza nella movimentazione del gas. Il CO_2 viene infine immagazzinato in formazioni geologiche sotterranee, come giacimenti di petrolio esauriti, acquiferi salini profondi o strati di carbone non sfruttati. Il successo del CCS dipende dalla capacità di mantenere il CO_2 intrappolato per periodi prolungati senza rischi di fuoriuscite. I modelli di monitoraggio e verifica sono fondamentali per garantire l'integrità dei siti di stoccaggio e prevenire eventuali perdite.

Le tecniche di riduzione delle emissioni includono un insieme variegato di approcci tecnologici e metodologici progettati per diminuire le quantità di gas serra prodotte dai processi industriali e dalla combustione dei combustibili fossili. Tra queste tecniche, la cogenerazione e l'efficienza energetica giocano ruoli significativi. La cogenerazione, o produzione combinata di calore ed energia, ottimizza l'uso dell'energia riducendo le perdite termiche e migliorando l'efficienza complessiva dei sistemi energetici.

Altre tecnologie di riduzione delle emissioni includono la conversione catalitica, che utilizza catalizzatori per trasformare i gas di scarico in composti meno dannosi. I catalizzatori selettivi per la riduzione degli ossidi di azoto (NO_x), come i catalizzatori a base di platino o di palladio, riducono le emissioni di NO_x in azoto e vapore acqueo. Per la riduzione degli idrocarburi non combusti e del monossido di carbonio (CO), si impiegano catalizzatori a base di palladio o di rodio.

Le tecnologie emergenti includono anche la cattura diretta dell'aria (DAC), che sfrutta processi chimici per estrarre CO_2 direttamente dall'aria ambientale. Sebbene DAC possa potenzialmente bilanciare le emissioni in ambienti con alte concentrazioni di CO_2, la sua applicazione su larga scala è limitata da costi elevati e requisiti energetici significativi.

Nel contesto della riduzione delle emissioni industriali, si considerano anche tecniche di gestione dei processi come l'ottimizzazione della combustione e l'uso di combustibili alternativi. L'ottimizzazione della combustione si concentra sul miglioramento della miscelazione del combustibile e dell'aria, riducendo così le emissioni di particolato e di altri inquinanti. L'uso di combustibili alternativi, come i biocarburanti e i rifiuti solidi urbani, può ridurre l'impronta di carbonio dei processi energetici, ma spesso richiede modifiche infrastrutturali e può comportare compromessi in termini di efficienza.

È importante notare che, sebbene le tecnologie di mitigazione come il CCS e le tecniche di riduzione delle emissioni offrano soluzioni potenziali, non possono completamente compensare l'uso continuo dei combustibili fossili senza un cambiamento sistemico nella produzione e nel consumo di energia. L'efficacia di queste tecnologie dipende anche dalla loro integrazione con politiche di sostenibilità, incentivi economici e impegni globali per la riduzione delle emissioni.

In conclusione, le tecnologie di mitigazione, tra cui il Carbon Capture and Storage e le tecniche di riduzione delle emissioni, rappresentano strumenti chiave nella lotta contro i cambiamenti climatici. Tuttavia, per raggiungere significativi miglioramenti ambientali, è essenziale adottare un approccio integrato che combini queste tecnologie con strategie più ampie di transizione verso fonti di energia rinnovabile e sostenibile.

Fonti di Energia Rinnovabile

"L'energia rinnovabile è la chiave per un futuro sostenibile; è l'unica risorsa che non ci abbandonerà." – Ban Ki-moon

Energia Solare: Fotovoltaico e Termico

L'energia solare rappresenta una delle fonti di energia rinnovabile più promettenti e diffuse, grazie alla sua capacità di ridurre le dipendenze dai combustibili fossili e di diminuire le emissioni di gas serra. Le due principali tecnologie di sfruttamento dell'energia solare sono il fotovoltaico e il termico, ciascuna con le proprie caratteristiche, metodologie di funzionamento e applicazioni specifiche.

Il sistema fotovoltaico (PV) converte direttamente la radiazione solare in energia elettrica attraverso l'effetto fotovoltaico. Questo processo si basa sull'uso di celle solari, tipicamente realizzate con materiali semiconduttori come il silicio, che generano una corrente elettrica quando sono esposti alla luce solare. Le celle fotovoltaiche sono organizzate in moduli che possono essere assemblati in configurazioni di impianti su scala variabile, da piccole installazioni domestiche a grandi parchi solari.

Il funzionamento del fotovoltaico è fondato sulla generazione di una coppia elettrica di carica attraverso il principio dell'effetto fotovoltaico. I semiconduttori utilizzati nelle celle, generalmente silicio monocristallino o policristallino, sono trattati per formare due strati con caratteristiche di polarità opposta, creando una giunzione pn. Quando la luce solare colpisce la cella, i fotoni trasferiscono energia agli elettroni, liberandoli dalla loro posizione nei atomi del semiconduttore e creando una coppia di cariche positive e negative. Questo flusso di elettroni, raccolto dai contatti metallici sulla cella, genera una corrente elettrica continua.

L'efficienza dei moduli fotovoltaici è influenzata da vari fattori, tra cui la qualità del materiale semiconduttore, la geometria della cella e le condizioni ambientali. Le perdite di efficienza possono derivare da fenomeni come il riscaldamento della cella, le ombreggiature parziali e la polvere accumulata. Tecnologie avanzate, come le celle a multi-giunzione, che utilizzano più strati di semiconduttori per catturare diverse bande dello spettro solare, possono aumentare l'efficienza del sistema. Inoltre, i sistemi di inseguimento solare (tracking) possono ottimizzare l'angolo di incidenza della luce solare sui moduli, migliorando la raccolta dell'energia durante tutto il giorno.

Il sistema solare termico sfrutta invece il calore del sole per generare energia termica, che può essere utilizzata direttamente per riscaldamento o per produrre energia elettrica tramite un ciclo termodinamico. Le tecnologie termiche si dividono principalmente in collettori solari e centrali solari termiche.

I collettori solari, utilizzati principalmente per il riscaldamento domestico e per applicazioni industriali, captano l'energia solare tramite pannelli termici che possono essere di tipo piano o a tubi sottovuoto. I pannelli piani consistono in una superficie assorbente rivestita di materiale ad alta conducibilità termica, coperta da un vetro di protezione e montata su uno scambiatore di calore. I tubi sottovuoto, invece, utilizzano tubi concentrici per minimizzare le perdite di calore e migliorare l'efficienza del captazione. I collettori termici trasferiscono il calore assorbito a un fluido termovettore, che può essere utilizzato per il riscaldamento dell'acqua o per applicazioni di riscaldamento degli ambienti.

Le centrali solari termiche a concentrazione (CSP) utilizzano sistemi di specchi o lenti per concentrare la radiazione solare su un'area ristretta, chiamata ricevitore, dove viene convertita in calore ad alta temperatura. Questi sistemi possono essere di tipo paraboloide, cilindrico-parabolico o a torre solare. Il calore raccolto è utilizzato per riscaldare un fluido termico, che a sua volta alimenta una turbina a vapore per generare elettricità. Le centrali CSP sono in grado di accumulare energia termica, rendendo possibile la produzione di energia anche quando il sole non è direttamente disponibile, aumentando così l'affidabilità della fornitura.

La progettazione e l'implementazione di impianti solari fotovoltaici e termici richiedono una considerazione attenta delle condizioni locali, delle caratteristiche tecniche e degli obiettivi di utilizzo. La scelta tra tecnologia fotovoltaica e termica dipende da fattori come la disponibilità di spazio, il profilo di domanda energetica e le condizioni climatiche. Entrambi i sistemi, tuttavia, giocano un ruolo cruciale nella transizione verso fonti di energia più sostenibili e nel contribuire alla riduzione delle emissioni di gas serra.

In conclusione, le tecnologie di energia solare, attraverso il fotovoltaico e il termico, offrono soluzioni efficaci per la produzione di energia rinnovabile. Ogni tecnologia ha i propri punti di forza e limitazioni, e la loro applicazione dipende dal contesto specifico e dalle esigenze energetiche. L'ulteriore sviluppo e l'ottimizzazione di queste tecnologie continueranno a essere fondamentali per raggiungere obiettivi di sostenibilità ambientale e per la promozione di una transizione globale verso un'energia più pulita e rinnovabile.

Energia Eolica e Marina: Potenzialità e Limiti

Le energie eolica e marina sono due forme di energia rinnovabile che sfruttano rispettivamente il vento e le risorse marine per generare energia elettrica. Queste tecnologie, pur presentando significative potenzialità per ridurre le emissioni di gas serra e diversificare le fonti di energia, affrontano anche sfide e limitazioni che devono essere comprese per ottimizzare la loro integrazione nei sistemi energetici.

L'energia eolica sfrutta il movimento dell'aria per generare elettricità tramite turbine eoliche. Le turbine eoliche sono costituite da una torre, che supporta le pale rotanti e il generatore. Quando il vento colpisce le pale, queste iniziano a ruotare, convertendo l'energia cinetica del vento in energia meccanica, che viene poi trasformata in energia elettrica dal generatore. Le turbine possono essere installate sia onshore (sulla terraferma) che offshore (in mare aperto).

Le potenzialità dell'energia eolica sono notevoli: i siti con venti costanti e intensi possono garantire una produzione continua e affidabile di energia. L'energia eolica è anche caratterizzata da bassi costi operativi e da una ridotta impronta di carbonio durante il funzionamento. Tuttavia, l'energia eolica presenta anche diverse limitazioni. La produzione di energia è intermittente e dipende dalle condizioni meteorologiche, rendendo necessario un sistema di stoccaggio dell'energia o un'integrazione con altre fonti di energia per garantire una fornitura continua. Inoltre, la localizzazione delle turbine eoliche deve essere attentamente pianificata per minimizzare gli impatti ambientali e acustici, e per ottimizzare l'efficienza del sistema.

L'energia marina sfrutta le risorse oceaniche per generare elettricità e comprende diverse tecnologie, tra cui le turbine a flusso di marea, i convertitori di energia delle onde e i sistemi di energia termica oceanica. Le turbine a flusso di marea, simili alle turbine eoliche, utilizzano il movimento delle correnti marine per generare energia. Queste turbine sono installate sul fondo marino e sfruttano le variazioni di velocità e direzione delle correnti per produrre energia elettrica. I convertitori di energia delle onde catturano l'energia cinetica e potenziale delle onde oceaniche tramite dispositivi galleggianti o ancorati al fondo marino. Infine, i sistemi di energia termica oceanica sfruttano le differenze di temperatura tra le acque superficiali e quelle profonde per generare energia attraverso cicli termodinamici.

Le potenzialità dell'energia marina sono considerevoli, dato il volume e la densità dell'energia disponibile negli oceani. L'energia marina offre una fonte di energia prevedibile, particolarmente per le turbine a flusso di marea, che possono beneficiare delle correnti regolari e prevedibili. Tuttavia, l'energia marina affronta sfide significative. Le tecnologie sono ancora in fase di sviluppo e richiedono significativi investimenti iniziali per la ricerca e l'implementazione. Inoltre, le condizioni ambientali marine, come l'erosione, la corrosione e l'impatto delle tempeste, possono ridurre la durabilità e l'affidabilità delle apparecchiature. L'impatto ambientale dei dispositivi marini, inclusi gli effetti sugli ecosistemi sottomarini e sulla fauna marina, deve essere attentamente valutato per minimizzare i danni. In sintesi, sia l'energia eolica che quella marina offrono significative opportunità per contribuire alla produzione di energia sostenibile e ridurre le emissioni di gas serra. Tuttavia, entrambe le tecnologie presentano limiti e sfide che devono essere affrontati attraverso la ricerca, l'innovazione e la pianificazione attenta. L'integrazione efficace di queste fonti di energia richiede una comprensione approfondita delle loro caratteristiche tecniche e ambientali, e una strategia globale che contempli l'ottimizzazione dei benefici e la minimizzazione degli impatti negativi. Solo attraverso un approccio integrato e sostenibile sarà possibile massimizzare il potenziale delle energie eolica e marina nel panorama energetico del futuro.

Biomassa e Geotermia: Sostenibilità e sfide tecniche

Le tecnologie basate sulla biomassa e sulla geotermia rappresentano due approcci distintivi e complementari alla produzione di energia rinnovabile, ognuna con caratteristiche specifiche, potenzialità e sfide tecniche uniche. La biomassa utilizza materiale organico per generare energia, mentre la geotermia sfrutta il calore interno della Terra. Entrambe le tecnologie contribuiscono alla sostenibilità energetica ma presentano considerazioni tecniche e ambientali che influenzano il loro sviluppo e implementazione.

La biomassa è costituita da materiali organici derivati da piante, animali e rifiuti organici, che possono essere convertiti in energia attraverso processi di combustione, gassificazione, pirolisi e digestione anaerobica. I principali tipi di biomassa includono legno, residui agricoli, colture energetiche, e rifiuti organici. La combustione diretta della biomassa in caldaie o impianti termici produce calore che può essere utilizzato per generare elettricità tramite turbine a vapore o per applicazioni di riscaldamento.

Uno dei principali vantaggi della biomassa è la sua capacità di ridurre le emissioni di gas serra rispetto ai combustibili fossili, poiché il carbonio emesso durante la combustione è bilanciato dal carbonio assorbito dalle piante durante la crescita. Tuttavia, la sostenibilità della biomassa dipende dalla gestione responsabile delle risorse e dal ciclo di vita completo dei materiali utilizzati. La produzione e l'utilizzo di biomassa possono comportare rischi ambientali come la deforestazione, l'inquinamento dell'aria e la competizione per terreni agricoli, che possono influire sulla biodiversità e sulla sicurezza alimentare. Inoltre, la qualità e l'efficienza della conversione della biomassa in energia dipendono fortemente dalle caratteristiche del materiale, dal tipo di tecnologia utilizzata e dalle condizioni operative.

La geotermia sfrutta il calore interno della Terra per produrre energia termica ed elettrica. Questa energia può essere estratta da sorgenti geotermiche attraverso diversi metodi, tra cui l'uso di pompe di calore geotermiche, impianti a ciclo binario e centrali geotermiche a vapore. Le pompe di calore geotermiche trasferiscono calore da sotto la superficie terrestre a edifici residenziali o commerciali, mentre gli impianti a ciclo binario e le centrali a vapore utilizzano il calore geotermico per generare elettricità.

Il potenziale della geotermia è notevole, poiché il calore terrestre è praticamente inesauribile su scala temporale umana e può fornire una fonte costante di energia, indipendente dalle condizioni meteorologiche. Le risorse geotermiche possono essere classificate in tre principali categorie: sorgenti ad alta entalpia (temperatura elevata), sorgenti a bassa entalpia (temperatura moderata) e risorse geotermiche a temperatura molto bassa. Le sorgenti ad alta entalpia, come i campi geotermici vulcanici, sono adatte per la generazione di elettricità, mentre le risorse a bassa entalpia sono più adatte per applicazioni di riscaldamento diretto.

Tuttavia, la geotermia presenta anche sfide tecniche e ambientali. L'esplorazione e lo sviluppo di risorse geotermiche richiedono investimenti significativi e un'accurata valutazione delle risorse geotermiche disponibili. Le tecniche di perforazione e le operazioni di estrazione possono comportare rischi come l'induzione di sismi indotti e l'inquinamento delle acque sotterranee. La gestione sostenibile delle risorse geotermiche è cruciale per evitare l'esaurimento e per garantire la stabilità delle forniture energetiche.

Inoltre, la produzione di energia geotermica può comportare emissioni di gas serra e sostanze chimiche se non viene gestita correttamente. Le emissioni possono derivare dal rilascio di gas disciolti nelle risorse geotermiche, come l'anidride carbonica (CO_2) e il solfuro di idrogeno (H_2S). La mitigazione di tali impatti richiede tecnologie di gestione e di trattamento avanzate per limitare le emissioni e per garantire un funzionamento ecocompatibile degli impianti.

In sintesi, biomassa e geotermia rappresentano due strategie chiave per la produzione di energia rinnovabile, ciascuna con le proprie potenzialità e sfide. La biomassa offre una risorsa abbondante e rinnovabile, ma richiede una gestione attenta delle risorse e delle pratiche di produzione. La geotermia, con il suo potenziale praticamente inesauribile, affronta sfide tecniche e ambientali che devono essere attentamente valutate e gestite. Entrambe le tecnologie, se implementate e gestite in modo responsabile, possono contribuire significativamente alla sostenibilità energetica globale e alla riduzione delle emissioni di gas serra.

L'Impatto Ecologico delle Rinnovabili: Consumo di Territorio, Impatto su Flora e Fauna

Il passaggio a fonti di energia rinnovabile, pur rappresentando una strategia cruciale per la mitigazione dei cambiamenti climatici e la riduzione delle emissioni di gas serra, non è esente da impatti ecologici. È essenziale analizzare dettagliatamente l'interazione tra le tecnologie rinnovabili e gli ecosistemi per comprendere e gestire gli effetti collaterali delle loro implementazioni. Due delle principali preoccupazioni ecologiche associate alle energie rinnovabili sono il consumo di territorio e l'impatto su flora e fauna.

Consumo di Territorio

Le tecnologie energetiche rinnovabili richiedono estese aree di terreno, il che può comportare trasformazioni significative dell'uso del suolo. L'energia solare fotovoltaica, per esempio, richiede grandi spazi per l'installazione di pannelli solari. Gli impianti solari su scala industriale, come i parchi fotovoltaici, possono occupare ampie aree di terreno, alterando i paesaggi e modificando i cicli idrologici locali. L'installazione di moduli fotovoltaici su superfici asfaltate o edifici può mitigare parte di questo impatto, ma non elimina completamente il problema. Il dislocamento di terreni agricoli o naturali può portare alla perdita di habitat e alla frammentazione degli ecosistemi.

Allo stesso modo, le turbine eoliche, specialmente quelle offshore, richiedono spazi considerevoli per l'installazione, sia in mare che sulla terraferma. Le turbine eoliche onshore richiedono la realizzazione di strade e infrastrutture di supporto che possono alterare ulteriormente l'uso del suolo e la gestione dei terreni agricoli o naturali. Per le turbine eoliche offshore, la costruzione di fondazioni e la creazione di zone di esclusione possono avere impatti significativi sull'ambiente marino e sulle attività di pesca.

Le centrali solari termiche e le installazioni di biomassa sono altrettanto esigenti in termini di consumo di territorio. Le centrali termiche a concentrazione (CSP) richiedono grandi aree per l'installazione dei collettori solari, mentre le colture energetiche per la biomassa richiedono terreni agricoli o forestali, il che può comportare ulteriori cambiamenti nell'uso del suolo.

Impatto su Flora e Fauna

L'impatto delle tecnologie rinnovabili su flora e fauna è un altro aspetto cruciale da considerare. Gli impianti solari possono influenzare gli ecosistemi locali attraverso la modifica dei microhabitat e dei cicli idrologici. La copertura del suolo con moduli solari può alterare la temperatura del suolo e ridurre la disponibilità di luce solare per la vegetazione sottostante, modificando le dinamiche ecologiche locali.

Le turbine eoliche, sia onshore che offshore, hanno effetti ben documentati sulla fauna avicola. Le collisioni tra uccelli e pale eoliche sono una preoccupazione significativa, sebbene le stime di mortalità varino ampiamente a seconda della localizzazione e del design delle turbine. Gli studi indicano che le turbine eoliche possono anche avere effetti negativi sugli habitat di questi animali, influenzando la loro navigazione e comportamento di alimentazione.

Nel caso delle centrali a biomassa, le implicazioni per la fauna selvatica sono complesse. L'uso di terre agricole per la coltivazione di colture energetiche può influenzare la biodiversità e ridurre gli habitat naturali per molte specie. I cambiamenti nell'uso del suolo possono portare alla perdita di habitat per la fauna selvatica, alterando le reti trofiche e la distribuzione delle specie. Inoltre, le operazioni di raccolta e gestione della biomassa possono influenzare negativamente gli ecosistemi terrestri e le comunità vegetali.

Per quanto riguarda l'energia geotermica, le potenziali alterazioni ambientali includono modifiche alla temperatura e alla composizione chimica delle acque sotterranee, che possono avere ripercussioni sugli ecosistemi acquatici e sulla flora e fauna associate a queste risorse. Le attività di perforazione e i rischi di sismicità indotta sono ulteriori preoccupazioni che devono essere gestite con attenzione.

Mitigazione e Pianificazione

Per minimizzare l'impatto ecologico delle tecnologie rinnovabili, è fondamentale implementare pratiche di progettazione e pianificazione ecocompatibili. Le valutazioni d'impatto ambientale (VIA) devono essere condotte per ogni progetto rinnovabile, con un focus specifico su come ridurre l'impronta ecologica attraverso la selezione di siti appropriati, la progettazione a basso impatto e la gestione sostenibile delle risorse. Tecniche di monitoraggio continuo e la mitigazione degli impatti attraverso misure di compensazione, come la creazione di habitat alternativi e il restauro ambientale, sono essenziali per garantire che l'adozione delle tecnologie rinnovabili non comprometta la biodiversità e l'integrità degli ecosistemi.

In conclusione, sebbene le tecnologie rinnovabili offrano una via promettente verso una produzione energetica più sostenibile, è imperativo affrontare e gestire i loro impatti ecologici con precisione. L'adozione di misure di mitigazione e la pianificazione strategica possono contribuire a garantire che la transizione verso fonti di energia rinnovabile avvenga in modo ecologicamente responsabile e sostenibile.

Nucleare: Una Soluzione Controversa

"Il nucleare può essere una forza di luce o di oscurità. La nostra scelta determinerà il nostro destino." – Carl Sagan

Fissione Nucleare: Funzionamento, Vantaggi e Rischi

La fissione nucleare è un processo fisico che ha rivoluzionato la produzione di energia, offrendo una fonte potente e relativamente concentrata di elettricità. Tuttavia, nonostante i suoi significativi vantaggi, la fissione nucleare comporta anche rischi e sfide che devono essere gestiti con attenzione. Questo capitolo esamina il funzionamento della fissione nucleare, i suoi benefici e i rischi associati, con un focus sulla tecnologia, la sicurezza e l'impatto ambientale.

Funzionamento della Fissione Nucleare

La fissione nucleare è un processo in cui un nucleo atomico pesante si divide in due nuclei più leggeri, accompagnato da un rilascio di energia considerevole e neutroni aggiuntivi. Questo processo può essere descritto in termini di reazione nucleare a catena. I principali isotopi utilizzati per la fissione nucleare sono l'uranio-235 (U-235) e il plutonio-239 (Pu-239).

Nel reattore nucleare, il combustibile, generalmente sotto forma di barre di uranio arricchito o plutonio, è disposto all'interno del nocciolo del reattore. Quando un nucleo di U-235 o Pu-239 cattura un neutrone, diventa instabile e si divide in due nuclei più piccoli, liberando energia sotto forma di calore e generando più neutroni. Questi neutroni possono poi colpire altri nuclei, continuando la reazione a catena.

La gestione della reazione a catena è cruciale per il funzionamento sicuro del reattore. Le barre di controllo, realizzate con materiali assorbenti di neutroni come il boro o il cadmio, possono essere inserite o ritirate dal nocciolo per regolare il tasso di fissione e mantenere la reazione sotto controllo. Il calore generato dalla fissione viene utilizzato per riscaldare un fluido, che poi produce vapore per alimentare una turbina e generare elettricità.

Vantaggi della Fissione Nucleare

1. **Alta Densità Energetica**: La fissione nucleare produce enormi quantità di energia da una piccola quantità di combustibile. Rispetto ai combustibili fossili, la densità energetica dell'uranio è circa un milione di volte superiore, consentendo la generazione di grandi quantità di elettricità con un volume relativamente ridotto di materiale.

2. **Basse Emissioni di Carbonio**: Le centrali nucleari operano senza emettere anidride carbonica (CO_2) durante la produzione di elettricità, contribuendo alla riduzione delle emissioni di gas serra e aiutando a mitigare i cambiamenti climatici.

3. **Produzione Continua di Energia**: Le centrali nucleari forniscono una fonte di energia continua e affidabile, indipendente dalle condizioni meteorologiche o dal giorno e dalla notte, a differenza di molte fonti di energia rinnovabile.

4. **Bassa Dipendenza dalle Risorse Energetiche**: L'uranio è abbondante rispetto ad altre risorse minerarie e può essere estratto da fonti diverse e trattato per migliorare la sua concentrazione e disponibilità.

Rischi della Fissione Nucleare

1. **Rischi di Incidenti e Sicurezza**: Gli incidenti nucleari, sebbene rari, possono avere conseguenze devastanti. Esempi noti includono Chernobyl e Fukushima, dove il rilascio di materiale radioattivo ha causato gravi danni ambientali e sanitari. La sicurezza delle centrali nucleari è quindi una priorità assoluta, con un forte focus sulla progettazione, la manutenzione e le procedure operative per prevenire incidenti.

2. **Gestione delle Scorie Nucleari**: I prodotti della fissione nucleare sono altamente radioattivi e devono essere gestiti e immagazzinati in modo sicuro per periodi che possono estendersi per migliaia di anni. La gestione delle scorie nucleari comporta sfide significative, comprese le questioni di stoccaggio a lungo termine, la protezione contro le perdite di radiazioni e la gestione delle risorse per la gestione e il trattamento dei rifiuti.

3. **Rischi di Proliferazione Nucleare**: I materiali utilizzati nella fissione nucleare, come l'uranio arricchito e il plutonio, possono essere utilizzati anche per la produzione di armi nucleari. Questo rischio di proliferazione richiede un rigoroso controllo e supervisione internazionale per evitare che le tecnologie nucleari siano utilizzate per scopi militari.

4. **Impatto Ambientale**: La costruzione e il funzionamento delle centrali nucleari hanno un impatto ambientale, tra cui l'uso intensivo di acqua per il raffreddamento e la possibilità di inquinamento termico e chimico. Inoltre, la decommissioning delle centrali nucleari richiede una gestione attenta per

garantire che i materiali radioattivi siano trattati in modo sicuro e che l'impatto ambientale sia minimizzato.

Conclusioni

La fissione nucleare offre vantaggi significativi in termini di densità energetica e riduzione delle emissioni di carbonio, rendendola una tecnologia rilevante nel mix energetico globale. Tuttavia, i rischi associati alla sicurezza, alla gestione delle scorie e alla proliferazione nucleare richiedono un'approfondita valutazione e una gestione meticolosa. La continua innovazione tecnologica e l'implementazione di rigide misure di sicurezza sono essenziali per massimizzare i benefici della fissione nucleare, minimizzando al contempo i rischi e garantendo una gestione sostenibile dell'energia nucleare.

Gestione dei Rifiuti Radioattivi e Sicurezza Nucleare

La gestione dei rifiuti radioattivi e la sicurezza nucleare sono aspetti cruciali per garantire che la fissione nucleare continui a essere una fonte di energia affidabile e sostenibile. La complessità e la criticità di questi aspetti richiedono un'approfondita comprensione delle tecnologie, delle normative e delle pratiche migliori per prevenire rischi e minimizzare impatti ambientali e sanitari.

Gestione dei Rifiuti Radioattivi

I rifiuti radioattivi derivano dalle operazioni di fissione nucleare e comprendono una varietà di materiali, ciascuno con caratteristiche e livelli di radioattività differenti. Questi rifiuti possono essere classificati in tre categorie principali:

1. **Rifiuti a Bassa e Media Attività (L/ILW)**: Questi rifiuti contengono isotopi radioattivi a bassa attività e rappresentano materiali come attrezzature di laboratorio, abiti protettivi e materiali di costruzione contaminati. La loro gestione comporta la loro raccolta, trattamento e stoccaggio in depositi progettati per garantire la sicurezza e prevenire la dispersione di radioattività.

2. **Rifiuti ad Alta Attività (HLW)**: Questi rifiuti, generati principalmente dal combustibile esaurito dei reattori nucleari, contengono isotopi radioattivi ad alta attività e hanno una vita media molto lunga. Richiedono un trattamento e uno stoccaggio altamente specializzati per isolare la radioattività e garantire la sicurezza per migliaia di anni.

3. **Rifiuti a Vita Lunga e Bassa Attività (LLW)**: Questa categoria include rifiuti con livelli di radioattività relativamente bassi ma con una lunga durata di vita. Questi rifiuti possono derivare da materiali utilizzati nelle operazioni di reattori e possono richiedere soluzioni di stoccaggio a lungo termine per evitare contaminazioni ambientali.

Trattamento e Stoccaggio

Il trattamento dei rifiuti radioattivi può includere processi come la solidificazione, la compattazione e la stabilizzazione chimica per ridurre il volume e la pericolosità del materiale. I rifiuti solidificati sono spesso confinati in contenitori di sicurezza, come il vetro o il cemento, per prevenire la dispersione di radioattività.

Lo stoccaggio dei rifiuti radioattivi può avvenire in tre principali tipologie di depositi:

1. **Stoccaggio Temporaneo**: I rifiuti possono essere stoccati temporaneamente in strutture progettate per mantenere i materiali in sicurezza fino a quando non si sviluppano soluzioni più permanenti. Questi impianti devono garantire la protezione contro il rilascio di radioattività e l'infiltrazione di acqua.

2. **Stoccaggio Intermedio**: Alcuni rifiuti radioattivi, come quelli a bassa e media attività, possono essere stoccati in depositi intermedi che offrono una protezione più avanzata rispetto a quella dei depositi temporanei.

3. **Stoccaggio Geologico Profondo**: Per i rifiuti ad alta attività, la soluzione più accettata è il stoccaggio geologico profondo. Questo implica l'immagazzinamento dei rifiuti in formazioni geologiche stabili e profonde, come rocce sedimentarie, granitiche o salini, che offrono una barriera naturale contro il rilascio di radioattività per periodi di tempo prolungati.

Sicurezza Nucleare

La sicurezza nucleare comprende una serie di misure progettate per proteggere la salute umana e l'ambiente dai rischi associati alle operazioni nucleari. Le principali aree di focus includono:

1. **Progettazione e Costruzione**: Le centrali nucleari devono essere progettate e costruite con criteri rigorosi di sicurezza, inclusi sistemi di protezione contro gli incidenti e i guasti, come sistemi di raffreddamento di emergenza e barriere di contenimento. L'uso di materiali resistenti e tecnologie avanzate è essenziale per garantire la robustezza e l'affidabilità delle strutture.

2. **Operazioni e Manutenzione**: Le operazioni quotidiane devono seguire protocolli di sicurezza dettagliati e verificati. Questo include la manutenzione regolare e l'aggiornamento dei sistemi di sicurezza per garantire che tutti i componenti siano funzionanti e che i rischi siano gestiti in tempo reale.

3. **Pianificazione per Emergenze**: I piani di emergenza sono necessari per gestire situazioni di crisi, come incidenti nucleari o eventi imprevisti. Questi piani devono includere strategie di evacuazione, comunicazione e risposta, e devono essere testati e aggiornati regolarmente.

4. **Controllo e Regolamentazione**: Le autorità di regolamentazione nucleare, come l'Agenzia Internazionale per l'Energia Atomica (IAEA) e le agenzie nazionali, stabiliscono normative e standard

di sicurezza per le operazioni nucleari. Questi enti effettuano ispezioni e audit per garantire il rispetto delle normative e per identificare e mitigare potenziali rischi.

5. **Gestione dei Rischi e Comunicazione**: La gestione dei rischi implica la valutazione continua e l'implementazione di misure per prevenire incidenti. La comunicazione trasparente con il pubblico e le parti interessate è essenziale per mantenere la fiducia e garantire una risposta efficace in caso di emergenze.

Conclusioni

La gestione dei rifiuti radioattivi e la sicurezza nucleare sono componenti essenziali per il funzionamento sicuro e sostenibile della fissione nucleare. La complessità e le sfide associate a questi aspetti richiedono un impegno costante nella ricerca, nella progettazione e nell'implementazione di soluzioni avanzate per garantire che i benefici dell'energia nucleare siano realizzati senza compromettere la salute umana e l'ambiente. Attraverso pratiche di gestione avanzate e rigorose misure di sicurezza, è possibile minimizzare i rischi e contribuire a una produzione energetica più sostenibile e sicura.

Il Dilemma del Nucleare: Bilancio tra Emissioni Zero e Rischio Ambientale

Il dilemma del nucleare si fonda sul contrasto tra i benefici in termini di riduzione delle emissioni di gas serra e i rischi ambientali e operativi associati alla tecnologia. La fissione nucleare, in quanto fonte di energia a bassa emissione di carbonio, ha il potenziale per contribuire significativamente alla mitigazione dei cambiamenti climatici. Tuttavia, le preoccupazioni legate ai rischi ambientali, alla sicurezza e alla gestione dei rifiuti pongono interrogativi complessi che necessitano di un'analisi approfondita.

Emissioni Zero e Contributo alla Mitigazione dei Cambiamenti Climatici

La principale attrattiva dell'energia nucleare è la sua capacità di generare elettricità con emissioni di carbonio estremamente basse. A differenza dei combustibili fossili, le centrali nucleari non emettono anidride carbonica (CO_2) durante il loro funzionamento. Questo aspetto è cruciale in un contesto di cambiamenti climatici, poiché ridurre le emissioni di gas serra è essenziale per limitare l'aumento della temperatura globale.

L'energia nucleare può fornire una fonte continua e stabile di elettricità, complementando le fonti rinnovabili intermittenti come il solare e l'eolico. In molti scenari di modellizzazione energetica e climatici, il nucleare è considerato un elemento chiave per raggiungere obiettivi di decarbonizzazione a lungo termine, in quanto può operare senza le fluttuazioni e le limitazioni delle fonti rinnovabili.

Inoltre, l'efficienza energetica delle centrali nucleari, con una densità energetica molto elevata rispetto ai combustibili fossili e alle fonti rinnovabili, consente di produrre grandi quantità di elettricità con un relativamente ridotto impatto diretto sul suolo. Questo rende il nucleare una soluzione potenzialmente efficace per soddisfare la crescente domanda di energia mantenendo basse le emissioni di carbonio.

Rischi Ambientali e Sicurezza

Nonostante i benefici ambientali in termini di emissioni di carbonio, il nucleare comporta significativi rischi ambientali e operativi. I principali aspetti di preoccupazione includono:

1. **Gestione dei Rifiuti Radioattivi**: I rifiuti nucleari, particolarmente quelli ad alta attività, presentano una sfida significativa per la sicurezza ambientale. La loro lunga durata di vita e il potenziale di contaminazione richiedono soluzioni di stoccaggio sicuro a lungo termine. Le tecnologie esistenti, come lo stoccaggio geologico profondo, sono progettate per ridurre al minimo il rischio di rilascio di radioattività, ma il problema della gestione dei rifiuti rimane un'importante preoccupazione.

2. **Incidenti e Contaminazione**: Gli incidenti nucleari, sebbene rari, possono avere effetti devastanti. Eventi come quelli di Chernobyl e Fukushima hanno dimostrato le gravi conseguenze ambientali e sanitarie che possono derivare da fuoriuscite di materiali radioattivi. La prevenzione di tali incidenti richiede rigorose misure di sicurezza e una gestione operativa altamente controllata.

3. **Uso dell'Acqua e Impatti Ambientali**: Le centrali nucleari utilizzano grandi quantità di acqua per il raffreddamento, il che può influenzare gli ecosistemi acquatici locali attraverso l'inquinamento termico e la possibile alterazione degli habitat. È necessario un attento monitoraggio e gestione per mitigare questi effetti e proteggere le risorse idriche locali.

4. **Rischio di Proliferazione Nucleare**: L'uranio arricchito e il plutonio, utilizzati nei reattori nucleari, possono essere impiegati anche per la produzione di armi nucleari. Questo rischio di proliferazione richiede un controllo internazionale rigoroso e sistemi di sicurezza per prevenire l'accesso non autorizzato a materiali sensibili.

Bilancio tra Benefici e Rischi

Il bilancio tra i benefici della fissione nucleare e i suoi rischi ambientali richiede un'analisi sfumata e un approccio integrato alla pianificazione energetica. Alcuni punti chiave da considerare includono:

1. **Innovazioni Tecnologiche**: La ricerca e lo sviluppo di nuove tecnologie nucleari, come i reattori di quarta generazione e i reattori a fusione, promettono di affrontare alcuni dei problemi esistenti, come la gestione dei rifiuti e la sicurezza operativa. L'adozione di tecnologie avanzate può migliorare l'efficienza e ridurre i rischi associati al nucleare.

2. **Integrazione con Fonti Rinnovabili**: L'energia nucleare può essere combinata con fonti di energia rinnovabile per creare un mix energetico bilanciato che minimizza le emissioni di carbonio e riduce l'intermittenza delle rinnovabili. Questo approccio può contribuire a stabilizzare la rete elettrica e garantire una fornitura continua di energia.

3. **Regolamentazione e Normative**: L'adozione di standard di sicurezza rigorosi e di normative efficaci è essenziale per gestire i rischi ambientali e operativi associati alla fissione nucleare. L'integrazione di best practices e l'adozione di tecnologie di

monitoraggio avanzate possono migliorare la sicurezza e la sostenibilità complessiva dell'energia nucleare.

4. **Comunicazione e Trasparenza**: La trasparenza nella comunicazione dei rischi e dei benefici dell'energia nucleare è cruciale per mantenere la fiducia del pubblico e per facilitare un dialogo informato su decisioni energetiche e politiche.

Conclusioni

Il dilemma del nucleare rappresenta una tensione tra i benefici di emissioni basse e la complessità dei rischi ambientali e operativi. Per affrontare questa sfida, è necessario un approccio equilibrato che consideri le innovazioni tecnologiche, l'integrazione con altre fonti di energia e una regolamentazione rigorosa. Attraverso una gestione efficace e una pianificazione attenta, è possibile ottimizzare il contributo dell'energia nucleare alla sostenibilità energetica, minimizzando al contempo i rischi associati e garantendo la sicurezza ambientale e umana.

Parte II: Modelli di Consumo Energetico e Politiche Ambientali

"Le scelte che facciamo oggi determinano il mondo che vivremo domani."
— Mahatma Gandhi

Modelli di Consumo Energetico Globale

"Il nostro consumo non solo consuma risorse, ma plasma anche il futuro del nostro pianeta." — David Attenborough

Analisi dei Trend Storici e Proiezioni Future

L'analisi dei trend storici e delle proiezioni future nel settore energetico offre una prospettiva essenziale per comprendere come le dinamiche passate influenzano le attuali e future strategie energetiche. Questo capitolo esamina le tendenze evolutive nel consumo e nella produzione di energia, mettendo in luce come le innovazioni tecnologiche, i cambiamenti politici e le pressioni ambientali stiano modellando il panorama energetico globale. Inoltre, offre una panoramica delle proiezioni future, con un focus sulle tendenze emergenti e sugli scenari potenziali.

Trend Storici nel Settore Energetico

1. Dipendenza dai Combustibili Fossili

Storicamente, la produzione e il consumo di energia sono stati dominati dai combustibili fossili, come carbone, petrolio e gas naturale. L'era industriale ha visto un'accelerazione nella dipendenza da queste risorse, con conseguente aumento delle emissioni di CO_2 e delle preoccupazioni ambientali. Il carbone, in particolare, ha giocato un ruolo centrale nell'elettrificazione e nello sviluppo industriale, mentre il petrolio e il gas naturale hanno alimentato il trasporto e le industrie pesanti.

2. Crescita della Capacità Nucleare

A partire dalla metà del XX secolo, l'energia nucleare è emersa come una soluzione alternativa ai combustibili fossili, offrendo una fonte di elettricità a bassa emissione di carbonio. L'espansione della capacità nucleare ha visto un picco negli anni '70 e '80, con la costruzione di numerosi reattori in tutto il mondo. Tuttavia, gli incidenti nucleari di Chernobyl e Fukushima hanno influenzato negativamente la percezione pubblica e la crescita del nucleare, portando a una stagnazione e in alcuni casi a un rallentamento della costruzione di nuovi reattori.

3. Sviluppo delle Energie Rinnovabili

Negli ultimi decenni, il settore energetico ha assistito a una crescita significativa delle energie rinnovabili, come l'energia solare e eolica. La riduzione dei costi tecnologici, gli incentivi governativi e la crescente consapevolezza dei cambiamenti climatici hanno contribuito a questa crescita. La capacità installata di energia solare ed eolica ha visto un'espansione esponenziale, con un incremento della quota di rinnovabili nella matrice energetica globale.

4. Transizione verso la Decarbonizzazione

Negli anni recenti, le politiche climatiche e ambientali hanno guidato una transizione verso la decarbonizzazione. Gli accordi internazionali, come l'Accordo di Parigi, e le strategie nazionali per la riduzione delle emissioni di gas serra hanno spinto verso l'adozione di tecnologie a basse emissioni di carbonio e l'efficienza energetica. Questo ha portato a un aumento degli investimenti in tecnologie verdi e a una revisione delle strategie di produzione e consumo energetico.

Proiezioni Future

1. Evoluzione delle Tecnologie Rinnovabili

Le proiezioni future indicano una continua espansione delle tecnologie rinnovabili, con un crescente contributo dell'energia solare e eolica alla produzione di elettricità globale. La riduzione dei costi, l'innovazione tecnologica e i progressi nell'accumulo di energia stanno migliorando l'affidabilità e la competitività delle fonti rinnovabili. Le previsioni suggeriscono che l'energia rinnovabile potrebbe diventare la principale fonte di elettricità nel prossimo futuro, contribuendo significativamente alla riduzione delle emissioni di CO_2.

2. Sviluppo della Tecnologia di Stoccaggio

Il miglioramento delle tecnologie di stoccaggio dell'energia, come le batterie a lunga durata e le soluzioni di stoccaggio termico, è cruciale per gestire l'intermittenza delle energie rinnovabili. Le proiezioni future prevedono significativi progressi in questo campo, con l'aumento dell'efficienza e della capacità di stoccaggio, che permetteranno una maggiore integrazione delle fonti rinnovabili nella rete elettrica.

3. Innovazioni nel Settore Nucleare

Le innovazioni tecnologiche nel settore nucleare, come i reattori di quarta generazione e i reattori modulari, potrebbero rivoluzionare l'industria, offrendo soluzioni più sicure ed efficienti per la produzione di energia. I reattori a basse emissioni di scorie e quelli che utilizzano materiali più abbondanti potrebbero migliorare la sostenibilità del nucleare e ridurre i problemi legati alla gestione dei rifiuti.

4. Evoluzione delle Politiche Energetiche

Le politiche energetiche future saranno probabilmente guidate da obiettivi di sostenibilità e cambiamenti climatici. Gli interventi governativi e le normative internazionali continueranno a influenzare il mix energetico, promuovendo l'adozione di tecnologie pulite e incentivando la riduzione delle emissioni di carbonio. La crescita della regolamentazione e degli standard ambientali potrebbe accelerare la transizione verso un sistema energetico più sostenibile e resiliente.

5. Integrazione delle Tecnologie

Le future strategie energetiche potrebbero enfatizzare l'integrazione di diverse tecnologie per creare sistemi energetici ibridi e flessibili. L'accoppiamento di fonti rinnovabili con sistemi di accumulo, la combinazione di energia nucleare con rinnovabili e l'adozione di reti intelligenti possono migliorare l'efficienza e la sicurezza del sistema energetico globale.

Conclusioni

L'analisi dei trend storici e delle proiezioni future rivela un panorama energetico in rapida evoluzione, influenzato da fattori tecnologici, ambientali e politici. La transizione verso un sistema energetico sostenibile è caratterizzata dalla crescita delle energie rinnovabili, dallo sviluppo di tecnologie di stoccaggio e dall'innovazione nel settore nucleare. Le politiche e le strategie future giocheranno un ruolo cruciale nel determinare la direzione e la velocità di questa transizione. Monitorare e comprendere questi trend è essenziale per prendere decisioni informate e guidare un cambiamento verso un futuro energetico più sostenibile.

Differenziazione dei Modelli di Consumo tra Paesi Sviluppati e in Via di Sviluppo

La differenziazione dei modelli di consumo energetico tra paesi sviluppati e in via di sviluppo riflette profonde disparità economiche, tecnologiche e sociali. Queste differenze influenzano non solo il tipo e la quantità di energia consumata, ma anche le implicazioni ambientali e le strategie di sviluppo sostenibile adottate in ciascun contesto. Questo capitolo esplora le caratteristiche distintive dei modelli di consumo energetico in queste due categorie di paesi, analizzando le cause e le conseguenze delle differenze osservate.

Modelli di Consumo nei Paesi Sviluppati

Nei paesi sviluppati, il consumo energetico è caratterizzato da un'alta intensità e da una grande varietà di fonti energetiche. Alcuni aspetti distintivi includono:

1. Alta Intensità Energetica

I paesi sviluppati tendono ad avere un consumo pro capite di energia significativamente più elevato rispetto ai paesi in via di sviluppo. Questo è dovuto a un elevato standard di vita, che comporta un'intensa utilizzo di energia per il riscaldamento, il raffreddamento, i trasporti e i servizi. Le abitazioni e le infrastrutture in questi paesi sono spesso dotate di tecnologie ad alta intensità energetica e consumano grandi quantità di elettricità.

2. Diversificazione delle Fonti Energetiche

Le economie avanzate mostrano una diversificazione delle fonti di energia, con un mix che può includere combustibili fossili, nucleare, e una crescente quota di fonti rinnovabili. I paesi sviluppati sono spesso in grado di investire in tecnologie avanzate e infrastrutture per sfruttare una varietà di fonti energetiche, cercando di ridurre la dipendenza dai combustibili fossili e di aumentare la quota di energia rinnovabile.

3. Elevata Efficienza Energetica

Le normative e le politiche ambientali nei paesi sviluppati hanno promosso l'adozione di tecnologie e pratiche più efficienti dal punto di vista energetico. Le iniziative di efficienza energetica sono spesso supportate da incentivi governativi e investimenti in ricerca e sviluppo. Le abitazioni e i veicoli sono generalmente progettati per ridurre il consumo di energia e le emissioni di gas serra.

4. Infrastrutture Avanzate

Le infrastrutture energetiche nei paesi sviluppati sono generalmente più avanzate, con reti elettriche moderne e sistemi di distribuzione efficienti. Questo consente una gestione più efficace della domanda e dell'offerta di energia, oltre a una maggiore capacità di integrazione delle energie rinnovabili e delle tecnologie emergenti.

Modelli di Consumo nei Paesi in Via di Sviluppo

Nei paesi in via di sviluppo, il modello di consumo energetico è spesso caratterizzato da sfide uniche e da un diverso insieme di priorità. Alcuni aspetti distintivi includono:

1. Basso Consumo Energetico Pro Capite

I paesi in via di sviluppo tendono ad avere un consumo energetico pro capite molto più basso rispetto ai paesi sviluppati. Questo è dovuto a un livello di sviluppo economico inferiore e a una minore disponibilità di risorse e infrastrutture energetiche. Le limitate risorse finanziarie e l'accesso limitato all'energia moderna possono limitare le possibilità di consumo e sviluppo.

2. Dipendenza dai Combustibili Tradizionali

Molti paesi in via di sviluppo sono fortemente dipendenti dai combustibili tradizionali, come legno, carbone e biomassa, per la produzione di energia. Questi combustibili, spesso utilizzati per il riscaldamento e la cucina, hanno un impatto ambientale significativo e possono contribuire a problemi di salute pubblica, come la contaminazione dell'aria indoor.

3. Accesso Limitato all'Energia

L'accesso all'energia elettrica è spesso limitato in molte regioni dei paesi in via di sviluppo, con una significativa percentuale della popolazione che vive senza elettricità o con un accesso intermittente. Questo può limitare le opportunità di sviluppo economico e sociale e influenzare negativamente la qualità della vita.

4. Infrastrutture Energetiche Inadeguate

Le infrastrutture energetiche nei paesi in via di sviluppo sono spesso meno avanzate e possono soffrire di inefficienze e interruzioni di servizio. Le reti elettriche possono essere poco sviluppate e insufficienti per soddisfare la crescente domanda di energia, mentre le tecnologie e le pratiche per la produzione e distribuzione di energia possono essere arretrate.

Cause delle Differenze nei Modelli di Consumo

Le differenze nei modelli di consumo energetico tra paesi sviluppati e in via di sviluppo sono influenzate da una serie di fattori:

1. Sviluppo Economico e Livello di Vita

Il livello di sviluppo economico e il reddito pro capite influiscono significativamente sui modelli di consumo energetico. I paesi sviluppati, con economie avanzate e alti standard di vita, consumano energia in modo più intensivo rispetto ai paesi in via di sviluppo, dove le risorse sono più limitate e le priorità economiche possono essere diverse.

2. Disponibilità di Risorse e Tecnologia

L'accesso alle risorse energetiche e la disponibilità di tecnologie moderne influiscono sulle scelte di consumo energetico. I paesi sviluppati hanno accesso a una gamma più ampia di fonti energetiche e tecnologie avanzate, mentre i paesi in via di sviluppo possono fare affidamento su risorse locali e tecnologie meno moderne.

3. Politiche e Regolamentazioni Energetiche

Le politiche energetiche e le normative influenzano la struttura e l'efficienza dei modelli di consumo. Nei paesi sviluppati, le politiche di efficienza energetica e sostenibilità sono più comuni, mentre nei paesi in via di sviluppo, le priorità possono concentrarsi maggiormente sull'espansione dell'accesso all'energia e sul miglioramento delle infrastrutture.

4. Sfide Ambientali e Sanitarie

Le sfide ambientali e sanitarie possono differire notevolmente. Nei paesi sviluppati, le preoccupazioni ambientali possono riguardare principalmente le emissioni di gas serra e la sostenibilità delle fonti energetiche. Nei paesi in via di sviluppo, le preoccupazioni possono includere l'inquinamento indoor, la deforestazione e l'impatto sulla salute pubblica dovuto all'uso di combustibili tradizionali.

Conclusioni

La differenziazione dei modelli di consumo energetico tra paesi sviluppati e in via di sviluppo riflette disparità economiche e tecnologiche significative, nonché differenze nelle priorità e nelle sfide ambientali. Comprendere queste differenze è essenziale per progettare politiche energetiche globali che siano equitative e sostenibili. È cruciale promuovere l'accesso all'energia moderna nei paesi in via di sviluppo, migliorare le infrastrutture e sostenere la transizione verso fonti di energia più pulite e efficienti, pur riconoscendo le specificità e le esigenze di ciascun contesto. Un approccio integrato e collaborativo è necessario per affrontare le sfide globali e garantire uno sviluppo energetico sostenibile e inclusivo.

Efficienza Energetica: Concetti di Exergia e Anergia

L'efficienza energetica è un concetto cruciale nella gestione dell'energia e nella riduzione dell'impatto ambientale. Per capire come ottenere il massimo dai nostri sistemi energetici e ridurre gli sprechi, è utile familiarizzare con due concetti chiave: exergia e anergia. Questi termini possono sembrare complicati, ma vediamo cosa significano e come influenzano l'efficienza energetica in modo semplice.

Cos'è l'Efficienza Energetica?

L'efficienza energetica si riferisce alla capacità di un sistema o di un processo di utilizzare l'energia in modo efficace, minimizzando gli sprechi e ottenendo il massimo dei benefici con il minimo consumo di energia. In altre parole, significa fare di più con meno energia. Ad esempio, una lampadina a LED è più efficiente rispetto a una lampadina tradizionale perché fornisce la stessa quantità di luce utilizzando meno energia.

Exergia: L'Energia Utilizzabile

Exergia è un termine tecnico che descrive la parte dell'energia che può essere utilizzata per compiere lavoro o per fare qualcosa di utile. In pratica, è l'energia "utile" che possiamo effettivamente sfruttare per svolgere attività.

Immagina di avere un pezzo di ghiaccio che si scioglie. La quantità totale di calore che puoi ottenere dallo scioglimento del ghiaccio è l'energia totale, ma non tutta questa energia può essere usata per compiere lavoro utile, come riscaldare una casa. Quella parte che puoi effettivamente utilizzare per fare qualcosa di concreto è l'exergia.

Anergia: L'Energia Perduta

Anergia, al contrario, rappresenta l'energia che non può essere utilizzata per fare lavoro utile. È l'energia dispersa o inutilizzabile che rimane in un sistema, spesso sotto forma di calore a bassa temperatura che non può essere facilmente recuperato.

Tornando all'esempio del ghiaccio, dopo che il ghiaccio si è sciolto e ha raggiunto una temperatura ambiente, parte dell'energia che è stata utilizzata per farlo sciogliere è andata dispersa sotto forma di calore. Questa energia dispersa è l'anergia.

Perché Sono Importanti Exergia e Anergia?

Comprendere la differenza tra exergia e anergia è essenziale per migliorare l'efficienza energetica. Se un sistema utilizza solo una parte dell'energia come exergia e disperde il resto come anergia, significa che non è molto efficiente. Ad esempio, in una centrale elettrica, gran parte dell'energia prodotta può essere persa come calore (anergia), e solo una parte viene trasformata in elettricità utile (exergia).

Strategie per Migliorare l'Efficienza Energetica

1. **Ridurre la Dispersione di Calore**: Utilizzare isolamento termico e altre tecnologie per mantenere il calore all'interno di edifici e sistemi, riducendo così la quantità di energia che va persa come anergia.

2. **Recupero dell'Energia**: Implementare sistemi di recupero del calore per catturare l'energia che altrimenti andrebbe persa e utilizzarla per altri scopi. Ad esempio, i recuperatori di calore nelle centrali elettriche possono migliorare l'efficienza complessiva del sistema.

3. **Tecnologie Efficaci**: Utilizzare tecnologie più efficienti che massimizzano l'uso dell'exergia. Ad esempio, le turbine a gas moderne sono progettate per ottenere il massimo dal combustibile e minimizzare le perdite di energia.

Conclusioni

L'efficienza energetica è fondamentale per ottimizzare l'uso delle risorse e ridurre l'impatto ambientale. Comprendere i concetti di exergia e anergia aiuta a valutare meglio quanto bene un sistema utilizza l'energia e quali miglioramenti possono essere apportati. Riducendo l'anergia e aumentando l'exergia, possiamo fare progressi significativi verso un uso dell'energia più sostenibile e meno sprecone.

Politiche Energetiche e Regolamentazione Ambientale

"Le politiche ambientali non sono una scelta, ma una necessità per la sopravvivenza della nostra specie." – Al Gore

Trattati Internazionali e Accordi Sul Clima: Kyoto, Parigi e oltre

Nel contesto della lotta contro i cambiamenti climatici, i trattati internazionali e gli accordi sul clima giocano un ruolo cruciale nel guidare le azioni globali e coordinare gli sforzi dei diversi paesi. Questo capitolo analizza i principali trattati e accordi sul clima, con particolare attenzione al Protocollo di Kyoto, all'Accordo di Parigi e agli sviluppi successivi. Ogni accordo ha contribuito a plasmare la politica climatica internazionale, con obiettivi e meccanismi specifici per affrontare il riscaldamento globale e promuovere la sostenibilità ambientale.

Il Protocollo di Kyoto (1997)

Il Protocollo di Kyoto, adottato nel 1997 e entrato in vigore nel 2005, è stato il primo trattato internazionale a stabilire obiettivi vincolanti di riduzione delle emissioni di gas serra per i paesi industrializzati.

Obiettivi e Meccanismi

Il Protocollo ha fissato un obiettivo globale di riduzione delle emissioni di gas serra del 5,2% rispetto ai livelli del 1990, da raggiungere nel periodo dal 2008 al 2012. Gli Stati membri sono stati suddivisi in due gruppi principali: i paesi sviluppati, che avevano obiettivi di riduzione vincolanti, e i paesi in via di sviluppo, che non avevano obblighi di riduzione ma beneficiavano di assistenza finanziaria e tecnologica.

Il Protocollo di Kyoto ha introdotto meccanismi di flessibilità, come il Commercio di Emissioni (Emission Trading), i Meccanismi di Sviluppo Pulito (Clean Development Mechanism, CDM) e la Implementazione Congiunta (Joint Implementation, JI). Questi strumenti permettevano ai paesi di ottenere crediti di emissione attraverso progetti di riduzione delle emissioni nei paesi in via di sviluppo e di collaborare su iniziative di riduzione delle emissioni.

Critiche e Limiti

Nonostante i suoi obiettivi ambiziosi, il Protocollo di Kyoto ha affrontato diverse sfide. Gli Stati Uniti, uno dei principali emettitori di gas serra, non hanno ratificato il trattato, e altri paesi hanno trovato difficile raggiungere i loro obiettivi. Inoltre, l'accordo non ha stabilito obiettivi vincolanti per i paesi in via di sviluppo, limitando l'impatto complessivo delle misure adottate.

L'Accordo di Parigi (2015)

L'Accordo di Parigi, adottato nel 2015 durante la Conferenza delle Parti (COP21) a Parigi, ha rappresentato un importante passo avanti nella governance climatica globale. A differenza del Protocollo di Kyoto, l'Accordo di Parigi ha adottato un approccio universale e inclusivo, con obiettivi che coinvolgono tutti i paesi, sviluppati e in via di sviluppo.

Obiettivi e Meccanismi

L'Accordo di Parigi stabilisce l'obiettivo di limitare l'aumento della temperatura globale a ben al di sotto di 2°C sopra i livelli preindustriali, con l'ambizione di limitare l'aumento a 1,5°C. Ogni paese ha presentato i propri contributi determinati a livello nazionale (Nationally Determined Contributions, NDCs), che definiscono le azioni specifiche per ridurre le emissioni e adattarsi ai cambiamenti climatici.

L'Accordo prevede un sistema di revisione periodica (meccanismo di "global stocktake") per valutare i progressi e aggiornare gli NDCs. Inoltre, stabilisce un obiettivo di finanziamento di 100 miliardi di dollari all'anno per supportare i paesi in via di sviluppo nella lotta contro i cambiamenti climatici e nell'adattamento agli impatti.

Critiche e Sfide

Nonostante il successo di avere una partecipazione universale, l'Accordo di Parigi ha ricevuto critiche per la sua natura non vincolante. I paesi sono liberi di stabilire i propri obiettivi e azioni, il che può portare a incertezze sui livelli effettivi di riduzione delle emissioni. Inoltre, le preoccupazioni riguardano la mancanza di meccanismi di enforcement severi e il rischio che i finanziamenti promessi non raggiungano i paesi più vulnerabili.

Accordi Successivi e Iniziative Regionali

Dopo l'Accordo di Parigi, sono emerse diverse iniziative e accordi regionali che cercano di affrontare le sfide climatiche con approcci più specifici.

1. Il Green Deal Europeo: Adottato nel 2019, il Green Deal Europeo è una strategia dell'Unione Europea per raggiungere la neutralità climatica entro il 2050. Include misure per ridurre le emissioni di gas serra, promuovere l'uso delle energie rinnovabili e migliorare l'efficienza energetica. La legge europea sul clima, che accompagna il Green Deal, stabilisce obiettivi vincolanti di riduzione delle emissioni.

2. La Legge sul Clima degli Stati Uniti: Nel 2021, gli Stati Uniti hanno reintrodotto l'importanza della politica climatica globale attraverso l'adesione all'Accordo di Parigi e l'implementazione di nuove normative interne per ridurre le emissioni e promuovere le tecnologie pulite.

3. L'Accordo di Glasgow (COP26): Nel 2021, la Conferenza delle Parti (COP26) a Glasgow ha visto l'adozione di nuovi impegni e accordi, inclusi piani per ridurre il metano e fermare la deforestazione. L'Accordo di Glasgow ha cercato di rafforzare l'implementazione dell'Accordo di Parigi e accelerare le azioni globali per il clima.

Conclusioni

I trattati internazionali e gli accordi sul clima, da Kyoto a Parigi e oltre, hanno svolto un ruolo fondamentale nel guidare le azioni globali contro i cambiamenti climatici. Ognuno di questi accordi ha introdotto nuovi obiettivi e meccanismi, cercando di migliorare la cooperazione internazionale e aumentare l'ambizione nella riduzione delle emissioni di gas serra. Tuttavia, la sfida rimane grande e richiede un impegno continuo e crescente da parte di tutti i paesi per affrontare i cambiamenti climatici e garantire un futuro sostenibile per il nostro pianeta.

Politiche Nazionali: Incentivi per le Rinnovabili e Regolamentazione delle Emissioni

Le politiche nazionali sono fondamentali per guidare la transizione energetica e affrontare le sfide ambientali. Ogni paese adotta una serie di misure legislative e normative per promuovere l'uso delle energie rinnovabili e regolare le emissioni di gas serra. Questo capitolo esplora le principali politiche nazionali che incentivano le fonti energetiche rinnovabili e regolano le emissioni, analizzando le strategie adottate da diversi paesi e i loro impatti.

Incentivi per le Rinnovabili

Gli incentivi per le energie rinnovabili sono strumenti cruciali per stimolare l'adozione di tecnologie pulite e sostenibili. Questi incentivi possono assumere diverse forme, tra cui sussidi finanziari, agevolazioni fiscali, e tariffe di alimentazione garantite.

1. Sussidi e Agevolazioni Finanziarie:

Molti paesi offrono sussidi diretti e agevolazioni finanziarie per ridurre il costo iniziale di installazione delle tecnologie rinnovabili. Ad esempio:

- **Gli Stati Uniti** hanno introdotto il **Investment Tax Credit (ITC)**, che consente di detrarre una percentuale del costo di installazione di sistemi solari fotovoltaici dalle tasse federali. Questo incentivo ha contribuito in modo significativo alla crescita del settore solare negli Stati Uniti.

- **La Germania**, con la sua legge sulle Energie Rinnovabili (Erneuerbare-Energien-Gesetz, EEG), ha previsto incentivi per l'installazione di impianti di energia solare, eolica e biomassa attraverso tariffe di alimentazione garantite, che garantiscono ai produttori di energia rinnovabile un prezzo fisso per l'elettricità immessa in rete.

2. Tariffe di Alimentazione e Aste:

Le tariffe di alimentazione garantite (Feed-in Tariffs, FiTs) e le aste competitive sono strumenti utilizzati per incentivare la produzione di energia rinnovabile.

- **La Spagna** ha utilizzato le FiTs per stimolare la crescita del settore fotovoltaico, offrendo tariffe garantite per l'elettricità prodotta da impianti solari.

- **Il Regno Unito** ha adottato un sistema di aste per le energie rinnovabili, come il Contract for Difference (CfD), che permette agli sviluppatori di competere per contratti a lungo termine per la produzione di energia rinnovabile a prezzi competitivi.

3. Agevolazioni Fiscali e Crediti d'Imposta:

Le agevolazioni fiscali e i crediti d'imposta possono ridurre il carico fiscale per le imprese e i privati che investono in tecnologie rinnovabili.

- **Il Giappone** ha introdotto il **Zero Energy House (ZEH)**, che offre incentivi fiscali per la costruzione di abitazioni a energia zero, che producono tanta energia quanta ne consumano attraverso l'uso di tecnologie rinnovabili e sistemi di efficienza energetica.

Regolamentazione delle Emissioni

La regolamentazione delle emissioni è essenziale per controllare e ridurre le emissioni di gas serra e migliorare la qualità dell'aria. Le politiche nazionali di regolamentazione delle emissioni variano notevolmente tra i diversi paesi, ma generalmente includono norme di emissione, sistemi di commercio delle emissioni e meccanismi di monitoraggio.

1. Normative di Emissione:

Le normative di emissione stabiliscono limiti specifici per le emissioni di inquinanti atmosferici da parte di settori industriali e mezzi di trasporto.

- **L'Unione Europea** ha implementato il **Sistema di Scambio di Quote di Emissione (EU ETS)**, che stabilisce un tetto alle emissioni totali di gas serra e consente alle imprese di commerciare diritti di emissione. Questo sistema ha lo scopo di incentivare le aziende a ridurre le proprie emissioni e a investire in tecnologie più pulite.

- **La Cina**, il maggiore emettitore globale di CO_2, ha istituito un sistema di scambio di emissioni a livello nazionale, partendo dal settore dell'energia e progressivamente estendendolo ad altri settori industriali.

2. Sistemi di Commercio delle Emissioni:

I sistemi di commercio delle emissioni (cap-and-trade) permettono alle imprese di acquistare e vendere diritti di emissione, creando un mercato per le emissioni di gas serra.

- **Il California Cap-and-Trade Program** è uno dei più avanzati negli Stati Uniti, creando un mercato di emissioni per le industrie e i settori dei trasporti che devono acquistare permessi per le loro emissioni di CO_2.

3. Norme di Qualità dell'Aria e Controlli Ambientali:

Le norme di qualità dell'aria regolano le concentrazioni di inquinanti atmosferici, come il particolato e gli ossidi di azoto, per proteggere la salute pubblica.

- **Gli Stati Uniti**, attraverso l'Agenzia per la Protezione Ambientale (EPA), stabiliscono norme rigorose per la qualità dell'aria, imponendo limiti sulle emissioni di inquinanti da fonti industriali e veicoli.

4. Monitoraggio e Reporting:

Il monitoraggio delle emissioni e la rendicontazione sono essenziali per garantire la conformità alle normative ambientali e per migliorare la trasparenza.

- **L'Australia** ha implementato un sistema di reporting nazionale delle emissioni, che richiede alle aziende di monitorare e riportare le loro emissioni di gas serra.

Conclusioni

Le politiche nazionali per incentivare le energie rinnovabili e regolare le emissioni di gas serra sono fondamentali per guidare la transizione verso un futuro energetico sostenibile. Attraverso sussidi, tariffe garantite, normative di emissione e sistemi di commercio delle emissioni, i governi cercano di stimolare l'adozione di tecnologie pulite e di ridurre l'impatto ambientale delle attività umane. Ogni paese adotta approcci diversi a seconda delle sue circostanze economiche, politiche e ambientali, ma la cooperazione internazionale e la condivisione delle migliori pratiche sono cruciali per raggiungere gli obiettivi globali di sostenibilità.

Mercato del Carbonio e Meccanismi di Cap-and-Trade

Il mercato del carbonio e i meccanismi di cap-and-trade rappresentano strumenti economici fondamentali per la regolazione delle emissioni di gas serra. Questi sistemi mirano a incentivare la riduzione delle emissioni attraverso approcci di mercato che combinano flessibilità economica con obiettivi ambientali specifici. Questo capitolo esplora il funzionamento dei mercati del carbonio e dei meccanismi di cap-and-trade, analizzandone i principi, le applicazioni globali e le sfide associate.

Il Funzionamento del Mercato del Carbonio

Il mercato del carbonio è un sistema economico in cui le emissioni di gas serra sono trattate come beni negoziabili. In questo mercato, i diritti di emissione possono essere comprati e venduti, creando un incentivo per le aziende a ridurre le proprie emissioni.

1. Principi di Base:

Nel mercato del carbonio, le emissioni di gas serra sono misurate in tonnellate di CO2 equivalente (tCO2e). Le autorità regolatorie fissano un tetto totale alle emissioni, creando una quantità limitata di permessi di emissione che le imprese possono scambiare. Ogni permesso consente a una singola tonnellata di CO2 di essere emessa.

Le imprese che riducono le loro emissioni al di sotto del loro limite possono vendere i permessi non utilizzati ad altre imprese che superano il loro limite. Questo sistema crea un incentivo economico per ridurre le emissioni, poiché le aziende che riescono a ridurre i costi di abbattimento possono guadagnare vendendo i permessi eccedenti.

2. Commercio e Prezzi delle Emissioni:

Il prezzo dei permessi di emissione è determinato dal mercato e può variare in base alla domanda e all'offerta. I prezzi più alti indicano una maggiore domanda per ridurre le emissioni e, quindi, un incentivo maggiore per investire in tecnologie di riduzione. Ad esempio, se il prezzo del permesso di emissione è elevato, le aziende avranno più motivazione a investire in tecnologie pulite per ridurre le loro emissioni e risparmiare sui costi di acquisto dei permessi.

Meccanismi di Cap-and-Trade

Il sistema di cap-and-trade è uno dei principali meccanismi di mercato utilizzati per il controllo delle emissioni. Questo meccanismo combina un tetto rigido alle emissioni totali con la flessibilità di scambiare diritti di emissione tra le imprese.

1. Struttura e Implementazione:

Il cap-and-trade funziona attraverso due fasi principali:

- **Stabilire un Tetto**: Le autorità regolatorie stabiliscono un tetto massimo di emissioni per un determinato periodo, fissando il numero totale di permessi di emissione disponibili nel mercato.

Questo tetto viene ridotto nel tempo per garantire una diminuzione continua delle emissioni.

- **Permessi e Scambi**: Le imprese ricevono permessi di emissione che possono essere acquistati, venduti o scambiati. Ogni impresa deve possedere un numero sufficiente di permessi per coprire le sue emissioni. Le aziende che riducono le loro emissioni al di sotto dei loro permessi possono vendere l'eccedenza ad altre imprese che superano il loro limite.

2. Mercati e Sistemi di Cap-and-Trade a Livello Globale:

Diversi paesi e regioni hanno implementato sistemi di cap-and-trade con strutture e obiettivi variabili:

- **Unione Europea**: L'**European Union Emission Trading Scheme (EU ETS)** è il più grande mercato del carbonio al mondo. Dal suo avvio nel 2005, l'EU ETS ha giocato un ruolo cruciale nella riduzione delle emissioni di CO_2 nelle industrie e nei settori energetici. Il sistema è stato gradualmente ampliato per includere nuovi settori e per garantire che il tetto delle emissioni venga ridotto nel tempo.

- **California**: Il **California Cap-and-Trade Program** è uno dei principali mercati del carbonio negli Stati Uniti. Implementato nel 2013, il programma copre le emissioni da settori industriali, energetici e di trasporto, e ha contribuito a ridurre le emissioni nella regione, con l'aggiunta di meccanismi di protezione per le popolazioni vulnerabili e per le imprese energetiche.

- **Cina**: La Cina ha lanciato un sistema di scambio di emissioni a livello nazionale nel 2021, inizialmente limitato al settore energetico. Questo sistema segna un passo importante verso una maggiore regolamentazione delle emissioni in uno dei maggiori emettitori globali di CO_2.

Sfide e Critiche dei Sistemi di Cap-and-Trade

Nonostante i benefici dei mercati del carbonio e dei meccanismi di cap-and-trade, ci sono anche sfide e critiche associate a questi sistemi:

1. Volatilità dei Prezzi:

I prezzi dei permessi di emissione possono essere volatili, influenzati da fattori economici e politici. Questa volatilità può rendere difficile per le imprese pianificare gli investimenti a lungo termine in tecnologie di riduzione delle emissioni.

2. Rischi di Carbon Leakage:

Il fenomeno del **carbon leakage** si verifica quando le imprese spostano la produzione verso paesi con normative ambientali meno rigorose per evitare i costi delle emissioni. Questo può ridurre l'efficacia dei sistemi di cap-and-trade nel ridurre le emissioni globali.

3. Equità e Distribuzione:

I sistemi di cap-and-trade possono avere impatti diseguali su diverse categorie di imprese e comunità. È importante progettare meccanismi di compensazione e supporto per garantire che i costi e i benefici della regolamentazione delle emissioni siano equamente distribuiti.

Conclusioni

Il mercato del carbonio e i meccanismi di cap-and-trade rappresentano approcci innovativi per affrontare le sfide delle emissioni di gas serra. Attraverso la creazione di mercati per i permessi di emissione e l'introduzione di tetti alle emissioni, questi sistemi cercano di incentivare la riduzione delle emissioni in modo economicamente efficiente. Tuttavia, la loro implementazione richiede un'attenta progettazione e monitoraggio per garantire che raggiungano gli obiettivi ambientali senza provocare effetti collaterali indesiderati. Con l'evoluzione e il perfezionamento di questi strumenti, è possibile migliorare ulteriormente la loro efficacia e contribuire in modo significativo alla mitigazione dei cambiamenti climatici.

Transizione Energetica e Decarbonizzazione

"La vera sfida non è solo ridurre le emissioni, ma reinventare completamente il nostro modo di vivere." – Ban Ki-moon

Strategia di Transizione Energetica: Sfide e Opportunità

La transizione energetica è un viaggio ambizioso verso un futuro sostenibile, caratterizzato da un cambiamento radicale nei sistemi energetici globali. Questo capitolo esplora le sfide e le opportunità della transizione energetica, con un focus ottimistico sulle soluzioni innovative e sui progressi che possono guidare il mondo verso un futuro più verde e prospero. La transizione non è solo una necessità per combattere i cambiamenti climatici, ma anche una straordinaria opportunità per stimolare l'innovazione, creare nuovi posti di lavoro e migliorare la qualità della vita.

Le Sfide della Transizione Energetica

La transizione verso un sistema energetico sostenibile presenta diverse sfide, ma ognuna di queste sfide può essere affrontata con determinazione e innovazione.

1. Adeguamento delle Infrastrutture:

La transizione richiede un aggiornamento massiccio delle infrastrutture energetiche esistenti. Questo include l'espansione delle reti di distribuzione, l'integrazione delle fonti rinnovabili e la modernizzazione degli impianti di stoccaggio e trasporto. Sebbene questo processo possa essere complesso e costoso, i benefici a lungo termine superano ampiamente gli investimenti iniziali. Le nuove infrastrutture non solo supporteranno un sistema energetico più pulito ma promuoveranno anche la resilienza e la sicurezza energetica.

2. Integrazione delle Rinnovabili:

Le energie rinnovabili, come il solare e l'eolico, sono variabili e dipendono dalle condizioni meteorologiche. Integrare queste fonti nel mix energetico richiede soluzioni innovative, come sistemi avanzati di stoccaggio dell'energia e reti intelligenti (smart grids). Le tecnologie emergenti, come le batterie a lunga durata e i sistemi di accumulo di energia su larga scala, stanno facendo progressi significativi e possono garantire una fornitura stabile di energia rinnovabile.

3. Transizione Economica e Sociale:

Il passaggio a un'economia a basse emissioni di carbonio comporta cambiamenti significativi nel mercato del lavoro e nelle comunità. I lavoratori dei settori tradizionali, come il carbone e il petrolio, devono essere supportati attraverso programmi di riqualificazione e transizione. Le politiche di giustizia sociale e gli investimenti in formazione e sviluppo possono aiutare a garantire una transizione equa e inclusiva.

Opportunità della Transizione Energetica

Nonostante le sfide, la transizione energetica offre un'enorme gamma di opportunità. Queste opportunità non solo favoriranno un futuro sostenibile, ma stimoleranno anche l'innovazione e la crescita economica.

1. Innovazione e Tecnologie Pionieristiche:

La transizione energetica è un catalizzatore per l'innovazione. Le tecnologie emergenti, come i pannelli solari ad alta efficienza, le turbine eoliche galleggianti e le reti intelligenti, stanno trasformando il panorama energetico. Questi sviluppi non solo migliorano l'efficienza e riducono i costi, ma aprono anche nuove opportunità per le imprese e i ricercatori.

2. Creazione di Nuovi Posti di Lavoro:

La crescita delle energie rinnovabili e delle tecnologie pulite sta creando milioni di nuovi posti di lavoro in tutto il mondo. Dal settore della produzione e installazione di pannelli solari all'industria delle batterie e della mobilità elettrica, le opportunità occupazionali sono in aumento. La formazione e lo sviluppo delle competenze nel settore delle energie rinnovabili sono essenziali per preparare la forza lavoro del futuro.

3. Sicurezza Energetica e Indipendenza:

L'adozione di fonti di energia rinnovabile può ridurre la dipendenza dalle importazioni di combustibili fossili e aumentare la sicurezza energetica nazionale. Paesi che investono nelle proprie risorse rinnovabili possono raggiungere una maggiore indipendenza energetica, riducendo i rischi associati alle fluttuazioni dei prezzi internazionali e ai conflitti geopolitici.

4. Benefici Ambientali e Salute Pubblica:

Le energie rinnovabili e le tecnologie a basse emissioni contribuiscono a migliorare la qualità dell'aria e a ridurre l'impatto ambientale. La diminuzione dell'inquinamento atmosferico porta a benefici tangibili per la salute pubblica, riducendo le malattie respiratorie e cardiovascolari. Inoltre, una transizione energetica ben gestita contribuisce alla preservazione degli ecosistemi naturali e alla riduzione della degradazione ambientale.

5. Opportunità Economiche e Sviluppo Sostenibile:

La transizione verso un'economia verde stimola la crescita economica attraverso nuovi investimenti e mercati emergenti. I settori delle energie rinnovabili, dell'efficienza energetica e della mobilità sostenibile stanno diventando motori di sviluppo economico. Investire in tecnologie pulite e in pratiche sostenibili può anche migliorare la competitività globale e favorire un'economia resiliente e a lungo termine.

Iniziative e Successi Globali

Diversi paesi e regioni stanno già ottenendo risultati significativi attraverso strategie di transizione energetica ben pianificate.

- **La Danimarca** è un leader mondiale nella produzione di energia eolica, con una capacità installata che soddisfa una parte significativa della domanda elettrica nazionale. Il paese ha dimostrato che una transizione verso un'energia eolica su larga scala è tecnicamente e economicamente realizzabile.

- **La California** ha stabilito ambiziosi obiettivi di riduzione delle emissioni e promozione delle energie rinnovabili. Attraverso politiche di incentivazione e investimenti in infrastrutture, la California sta diventando un modello di sviluppo sostenibile e innovazione tecnologica.

- **La Cina** ha investito massicciamente nella produzione di pannelli solari e nella mobilità elettrica, posizionandosi come un leader nella produzione e nell'adozione di tecnologie verdi. Questo impegno ha contribuito a ridurre le emissioni globali e a stimolare l'industria verde a livello internazionale.

Conclusioni

La strategia di transizione energetica, pur affrontando sfide significative, rappresenta una delle più grandi opportunità del nostro tempo. Con l'adozione di politiche innovative, l'investimento in tecnologie avanzate e la promozione di un'economia sostenibile, possiamo superare le difficoltà e cogliere i benefici di un futuro energetico verde. Il cammino verso una transizione energetica completa richiede impegno, collaborazione e visione, ma i risultati promettono di trasformare il nostro mondo in un luogo più pulito, più sano e più prospero per le generazioni future.

Decarbonizzazione dei Settori Industriale, Trasporti e Residenziale

La decarbonizzazione è fondamentale per ridurre le emissioni globali di gas serra e limitare il riscaldamento climatico. Questo capitolo esplora le strategie e le soluzioni progettuali per decarbonizzare i principali settori economici: industriale, trasporti e residenziale. Ogni settore presenta sfide uniche e opportunità specifiche, richiedendo approcci mirati per raggiungere gli obiettivi di sostenibilità e riduzione delle emissioni.

Decarbonizzazione del Settore Industriale

Il settore industriale è uno dei maggiori emettitori di CO_2, con contributi significativi provenienti dalla produzione di beni e materiali. Per affrontare queste emissioni, sono necessarie soluzioni tecnologiche e progettuali innovative.

Energie Rinnovabili e Elettrificazione

Molte industrie stanno passando all'uso di energie rinnovabili per alimentare i propri processi produttivi. Ad esempio, nella produzione di cemento, alcuni impianti stanno integrando tecnologie di elettrificazione e di utilizzo di energia solare per ridurre l'impronta di carbonio.

Nella siderurgia, l'uso dell'idrogeno verde come sostituto del carbon coke nella produzione dell'acciaio rappresenta una soluzione emergente. Diverse aziende stanno sviluppando impianti pilota per testare e implementare questa tecnologia, dimostrando che la produzione di acciaio a basse emissioni è tecnicamente e economicamente fattibile.

Efficienza Energetica e Tecnologie Avanzate

L'efficienza energetica è cruciale per ridurre le emissioni industriali. L'adozione di tecnologie avanzate e pratiche di produzione pulita può fare una grande differenza.

Tecnologie di recupero del calore, come quelle utilizzate nei processi industriali di produzione di alluminio, permettono di ridurre il consumo energetico e le emissioni. L'ottimizzazione dei processi attraverso software avanzati contribuisce a migliorare l'efficienza e a ridurre i costi operativi.

Cattura e Stoccaggio del Carbonio (CCS)

La cattura e lo stoccaggio del carbonio rappresentano un'opzione per ridurre le emissioni delle industrie ad alta intensità di carbonio. I progetti di CCS, come quelli che catturano il CO_2 e lo immagazzinano sotto il mare, stanno dimostrando l'efficacia di questa tecnologia nella riduzione delle emissioni di impianti industriali.

Decarbonizzazione del Settore Trasporti

Il settore dei trasporti è un grande emettitore di CO_2, principalmente a causa della dipendenza dai combustibili fossili. Le strategie per decarbonizzare questo settore includono la transizione verso veicoli elettrici e la promozione di alternative di trasporto sostenibili.

Elettrificazione dei Trasporti

La crescente diffusione dei veicoli elettrici (EV) è una delle principali strategie per ridurre le emissioni nel settore dei trasporti. La creazione di reti di stazioni di ricarica ad alta velocità è fondamentale per facilitare l'adozione dei veicoli elettrici, supportando viaggi a lunga distanza e aumentando l'accessibilità per gli utenti.

Infrastrutture di Ricarica e Reti Intelligenti

Per supportare l'adozione dei veicoli elettrici, è fondamentale sviluppare infrastrutture di ricarica e reti intelligenti. L'integrazione delle stazioni di ricarica con il sistema elettrico esistente attraverso reti intelligenti contribuisce a ottimizzare l'uso dell'energia e ridurre i costi.

Trasporti Pubblici e Mobilità Sostenibile

La promozione di trasporti pubblici sostenibili e soluzioni di mobilità condivisa è cruciale per ridurre l'uso individuale di automobili. Le iniziative per ridurre l'inquinamento atmosferico e promuovere l'uso di veicoli a basse emissioni includono l'introduzione di zone a basse emissioni e incentivi per l'uso di trasporti pubblici.

Decarbonizzazione del Settore Residenziale

Il settore residenziale è responsabile di una parte significativa delle emissioni di CO_2, principalmente attraverso il riscaldamento, il raffreddamento e l'uso di energia elettrica. La decarbonizzazione di questo settore richiede approcci che vanno dall'efficienza energetica alla produzione di energia pulita.

Ristrutturazione Energetica degli Edifici

Migliorare l'efficienza energetica degli edifici residenziali è fondamentale per ridurre le emissioni. Gli standard internazionali per edifici a consumo energetico quasi zero offrono soluzioni per ridurre il fabbisogno energetico attraverso una progettazione attenta e l'uso di materiali ad alta efficienza. L'uso di tecnologie di automazione domestica, come i termostati intelligenti e i sistemi di gestione energetica, può ottimizzare il consumo di energia negli edifici residenziali.

Energia Rinnovabile Residenziale

L'installazione di sistemi di energia rinnovabile a livello residenziale contribuisce a ridurre la dipendenza dalle fonti di energia fossile. I pannelli solari integrati nei tetti e i sistemi di riscaldamento a biomassa sono esempi di soluzioni che permettono alle abitazioni di generare e utilizzare energia pulita.

Efficienza Idrica e Rifiuti

Migliorare l'efficienza nell'uso delle risorse idriche e gestire i rifiuti in modo sostenibile sono aspetti complementari della decarbonizzazione residenziale. I sistemi di raccolta e riutilizzo dell'acqua piovana e le tecnologie per la gestione dei rifiuti contribuiscono a ridurre l'impatto ambientale delle abitazioni.

Conclusioni

La decarbonizzazione dei settori industriale, dei trasporti e residenziale è una sfida complessa ma affrontabile, che offre anche straordinarie opportunità per l'innovazione e la crescita. Attraverso l'adozione di tecnologie avanzate, l'integrazione di energie rinnovabili e l'ottimizzazione dell'efficienza, possiamo realizzare una significativa riduzione delle emissioni di CO_2 e promuovere un futuro sostenibile. Gli esempi di successo e i progetti innovativi dimostrano che è possibile trasformare il nostro modo di produrre, trasportare e vivere, creando un mondo più pulito, più sicuro e più prospero per le generazioni future.

Innovazione Tecnologica: Smart Grids, Stoccaggio dell'Energia e Mobilità Elettrica

L'innovazione tecnologica è cruciale per affrontare le sfide della transizione energetica e per promuovere un futuro sostenibile. Le tecnologie emergenti come le reti intelligenti (smart grids), le soluzioni di stoccaggio dell'energia e la mobilità elettrica giocano un ruolo fondamentale nella trasformazione dei sistemi energetici globali. Questo capitolo esplora come queste tecnologie possano contribuire a un sistema energetico più efficiente, resiliente e sostenibile.

Smart Grids: Reti Intelligenti per una Gestione Efficiente dell'Energia

Le reti intelligenti rappresentano una delle più avanzate innovazioni tecnologiche nel campo della gestione dell'energia. Questi sistemi avanzati utilizzano tecnologie digitali e comunicative per ottimizzare la distribuzione e l'uso dell'energia elettrica.

1. Funzionamento e Benefici delle Smart Grids:

Le smart grids integrano sensori, contatori intelligenti e sistemi di gestione basati su software per monitorare e controllare in tempo reale la rete elettrica. Questo approccio consente di migliorare l'affidabilità e l'efficienza della rete, ridurre le perdite di energia e gestire meglio la domanda e l'offerta.

Le reti intelligenti permettono una gestione dinamica della domanda, facilitando l'integrazione delle energie rinnovabili e migliorando la capacità di risposta durante i picchi di consumo. Ad esempio, possono gestire l'elettricità prodotta da fonti rinnovabili variabili, come il solare e l'eolico, ottimizzando la distribuzione e riducendo la necessità di accumuli su larga scala.

2. Esempi e Progetti di Smart Grids:

- **Progetti Pilota**: Diverse città e regioni hanno avviato progetti pilota per testare e implementare smart grids. Ad esempio, il **Progetto Smart City di Amsterdam** utilizza tecnologie intelligenti per gestire l'energia, migliorare l'efficienza e ridurre le emissioni.

- **Reti di Distribuzione Avanzate**: In molte aree, le reti di distribuzione avanzate stanno permettendo la gestione ottimizzata della rete elettrica, supportando la crescita delle energie rinnovabili e migliorando la resilienza della rete.

Stoccaggio dell'Energia: Soluzioni per un Futuro Senza Interruzioni

Lo stoccaggio dell'energia è essenziale per bilanciare la domanda e l'offerta di energia, specialmente con l'aumento dell'uso delle energie rinnovabili. Le soluzioni di stoccaggio possono immagazzinare l'energia prodotta in eccesso durante i periodi di bassa domanda e rilasciarla quando la domanda è alta.

1. Tecnologie di Stoccaggio:

- **Batterie a Ioni di Litio**: Le batterie a ioni di litio sono ampiamente utilizzate per il loro alto rapporto di densità energetica e lunga durata. Queste batterie sono fondamentali per il funzionamento di veicoli elettrici e sistemi di stoccaggio energetico domestico e commerciale.

- **Stoccaggio a Pompa e Idroelettrico**: Le centrali di stoccaggio a pompa utilizzano l'energia in eccesso per pompare acqua a una quota più alta, che poi viene rilasciata per generare elettricità quando necessario. Questo metodo è particolarmente utile per la gestione dell'energia su larga scala.

- **Stoccaggio Termico**: Le tecnologie di stoccaggio termico, come i serbatoi di accumulo di calore, permettono di conservare l'energia sotto forma di calore e utilizzarla quando necessario, contribuendo a stabilizzare la fornitura di energia.

2. Esempi di Iniziative di Stoccaggio:

- **Progetti di Grandi Dimensioni**: Diverse installazioni di stoccaggio su scala di rete sono state implementate globalmente per supportare l'integrazione delle energie rinnovabili e migliorare l'affidabilità della rete.

- **Stoccaggio Residenziale**: I sistemi di stoccaggio energetico domestico stanno diventando sempre più popolari, consentendo alle famiglie di accumulare energia solare e ridurre la dipendenza dalla rete elettrica.

Mobilità Elettrica: La Rivoluzione dei Trasporti

La mobilità elettrica rappresenta una delle più promettenti soluzioni per ridurre le emissioni di CO_2 nel settore dei trasporti. L'adozione di veicoli elettrici (EV) e l'espansione delle infrastrutture di ricarica sono fondamentali per raggiungere gli obiettivi di sostenibilità.

1. Sviluppo dei Veicoli Elettrici:

- **Tipologie di Veicoli**: I veicoli elettrici includono auto, autobus e camion, tutti progettati per ridurre le emissioni e migliorare l'efficienza energetica. L'evoluzione delle batterie e la crescente disponibilità di modelli a lungo raggio stanno accelerando l'adozione dei veicoli elettrici.

- **Innovazioni nel Design**: I veicoli elettrici stanno beneficiando di avanzamenti nel design e nelle tecnologie di propulsione, migliorando la performance e riducendo i costi. Le innovazioni includono motori elettrici più efficienti e sistemi di ricarica rapida.

2. Infrastrutture di Ricarica e Supporto alla Mobilità:

- **Stazioni di Ricarica**: La crescita della rete di stazioni di ricarica è essenziale per supportare l'espansione dei veicoli elettrici. La creazione di stazioni di ricarica ad alta velocità e la loro integrazione nelle reti di distribuzione sono cruciali per facilitare la mobilità elettrica.

- **Integrazione con Smart Grids**: Le infrastrutture di ricarica per veicoli elettrici possono essere integrate con le smart grids per ottimizzare l'uso dell'energia e migliorare l'efficienza della rete.

Conclusioni

L'innovazione tecnologica nel campo delle smart grids, dello stoccaggio dell'energia e della mobilità elettrica rappresenta una pietra miliare nella transizione verso un sistema energetico sostenibile. Queste tecnologie non solo migliorano l'efficienza e l'affidabilità del sistema energetico, ma offrono anche opportunità significative per ridurre le emissioni e promuovere un futuro più pulito. Investire in queste soluzioni e continuare a sviluppare e implementare tecnologie avanzate sono passi fondamentali per affrontare le sfide climatiche e costruire un mondo sostenibile per le generazioni future.

Parte III: Scenari Futuri e Innovazioni

"Il futuro appartiene a coloro che credono nella bellezza dei loro sogni." –
Eleanor Roosevelt

Scenari Energetici Futuristici

"Il futuro non è una destinazione, è un viaggio in cui il cambiamento è
l'unica costante." – Peter Drucker

Scenari di Sviluppo Sostenibile: Analisi del Modello IPCC

Il modello dell'Intergovernmental Panel on Climate Change (IPCC) fornisce
una base scientifica cruciale per comprendere gli scenari di sviluppo
sostenibile e le strategie necessarie per affrontare il cambiamento
climatico. Questo capitolo esplora gli scenari proposti dall'IPCC,
analizzando le implicazioni delle diverse traiettorie di sviluppo e le azioni
richieste per raggiungere obiettivi climatici globali.

Introduzione agli Scenari dell'IPCC

Il modello dell'IPCC si basa su un insieme di scenari che illustrano le
possibili traiettorie future in relazione alle emissioni di gas serra e ai
cambiamenti climatici. Questi scenari sono progettati per aiutare i decisori
politici e i pianificatori a valutare le conseguenze delle diverse opzioni di
politica e sviluppo.

1. Classificazione degli Scenari IPCC:

Gli scenari IPCC sono suddivisi in categorie principali, ciascuna
rappresentante una diversa combinazione di percorsi socio-economici e
tecnologici. Gli scenari si basano su proiezioni di emissioni di gas serra,
cambiamenti di uso del suolo e sviluppi tecnologici.

- **Scenari RCP (Representative Concentration Pathways)**: Questi
  scenari rappresentano diversi livelli di concentrazione di gas
  serra nell'atmosfera e le loro implicazioni sul riscaldamento
  globale. Gli scenari RCP variano da quelli con basse emissioni
  (RCP2.6) a quelli con alte emissioni (RCP8.5).

- **Scenari SSP (Shared Socioeconomic Pathways)**: Gli SSP
  forniscono contesti socio-economici per i diversi scenari RCP,

esplorando come le tendenze socio-economiche potrebbero influenzare le emissioni future e le risposte climatiche.

2. Analisi degli Scenari di Riferimento e delle Traiettorie di Emissioni:

- **Scenari di Basso Emissione (RCP2.6)**: Questo scenario prevede una riduzione drastica delle emissioni di gas serra per limitare l'aumento della temperatura globale a circa 1.5°C rispetto ai livelli pre-industriali. Le misure richieste includono l'adozione di tecnologie a basse emissioni e l'implementazione di politiche rigorose per la sostenibilità.

- **Scenari di Emissioni Intermedie (RCP4.5 e RCP6.0)**: Questi scenari rappresentano traiettorie in cui le emissioni continuano a crescere, ma con politiche di mitigazione parziali. Le temperature globali aumenterebbero rispettivamente di circa 2.5°C e 3.0°C, con impatti significativi sugli ecosistemi e sulle società.

- **Scenari di Alta Emissione (RCP8.5)**: In questo scenario, le emissioni continuano a salire senza interventi significativi, portando a un aumento della temperatura globale superiore a 4°C. Questo scenario comporta gravi conseguenze per l'ambiente e per le condizioni di vita umane, inclusi eventi meteorologici estremi e perdita di biodiversità.

Strategie di Mitigazione e Adattamento
La valutazione degli scenari IPCC mette in evidenza l'importanza di strategie di mitigazione e adattamento per limitare i cambiamenti climatici e ridurre i loro impatti.

1. Strategie di Mitigazione:

- **Transizione Energetica**: La transizione verso un sistema energetico a basse emissioni è cruciale per ridurre le emissioni globali. Ciò include l'adozione di fonti di energia rinnovabile, l'efficienza energetica e la decarbonizzazione dei settori industriali e dei trasporti.

- **Tecnologie Innovative**: Investire in tecnologie avanzate come la cattura e stoccaggio del carbonio (CCS), l'elettrificazione dei processi e l'uso di idrogeno verde sono essenziali per ridurre le emissioni e raggiungere gli obiettivi climatici.

2. Strategie di Adattamento:

- **Pianificazione Resiliente**: Le strategie di adattamento includono la progettazione di infrastrutture resilienti e la pianificazione urbana che considerano i rischi climatici. Le città devono essere progettate per affrontare eventi meteorologici estremi e l'innalzamento del livello del mare.

- **Conservazione degli Ecosistemi**: La protezione e la ripristino degli ecosistemi naturali, come le foreste e le zone umide, sono cruciali per mantenere i servizi ecosistemici e migliorare la resilienza ai cambiamenti climatici.

Implicazioni per la Politica e la Pianificazione

Le proiezioni dell'IPCC offrono una guida preziosa per le politiche climatiche e la pianificazione a lungo termine. Le decisioni prese oggi influenzeranno le traiettorie future e determinano se riusciremo a limitare i cambiamenti climatici e a garantire un futuro sostenibile.

1. Politiche Globali e Locali:

Le politiche climatiche devono essere coordinate a livello globale e locale. Gli accordi internazionali come l'Accordo di Parigi forniscono un quadro per l'azione collettiva, mentre le politiche nazionali e locali devono affrontare le specificità e le priorità locali.

2. Investimenti e Finanziamenti:

Gli investimenti in tecnologie verdi e infrastrutture sostenibili sono essenziali per facilitare la transizione energetica. I finanziamenti devono essere orientati verso progetti che promuovono l'innovazione e riducono le emissioni di carbonio.

Conclusioni

Gli scenari di sviluppo sostenibile proposti dall'IPCC offrono una panoramica delle possibili traiettorie future e delle azioni necessarie per mitigare i cambiamenti climatici. Attraverso la comprensione e l'applicazione di questi scenari, possiamo guidare le decisioni politiche e progettuali verso un futuro più sostenibile. L'implementazione di strategie di mitigazione e adattamento, insieme a un forte impegno per l'innovazione e la cooperazione internazionale, è fondamentale per affrontare le sfide climatiche e promuovere uno sviluppo sostenibile globale.

Prospettive dell'Energia Nucleare: Fusione e Nuovi Reattori

L'energia nucleare, con le sue potenzialità e le sue sfide, continua a essere un elemento cruciale nel dibattito sulle soluzioni per la produzione di energia a basse emissioni di carbonio. Questo capitolo esamina le prospettive future dell'energia nucleare, con particolare attenzione alle tecnologie emergenti come la fusione nucleare e i nuovi tipi di reattori. Analizzeremo le innovazioni che potrebbero rivoluzionare il settore e le loro implicazioni per la transizione energetica globale.

Energie Nucleare: Stato Attuale e Sfide

L'energia nucleare attualmente gioca un ruolo significativo nella produzione di energia elettrica, contribuendo a circa il 10% della fornitura globale di energia elettrica. Tuttavia, il settore affronta sfide notevoli, tra cui preoccupazioni sulla sicurezza, gestione dei rifiuti radioattivi e alti costi di costruzione e di decommissionamento.

1. Tecnologie Nucleari Convenzionali:

- **Reattori a Fissione**: I reattori a fissione, come quelli di tipo PWR (Pressurized Water Reactor) e BWR (Boiling Water Reactor), sono la tecnologia nucleare predominante attualmente in uso. Sebbene siano relativamente efficienti nel generare energia, questi reattori presentano sfide significative in termini di gestione dei rifiuti e sicurezza.

- **Problemi di Sicurezza e Rifiuti**: La sicurezza rimane una preoccupazione centrale per i reattori a fissione, con incidenti storici come quelli di Chernobyl e Fukushima che hanno evidenziato le potenziali conseguenze di malfunzionamenti. Inoltre, la gestione dei rifiuti radioattivi, che rimangono pericolosi per migliaia di anni, continua a essere un problema irrisolto.

Prospettive della Fusione Nucleare

La fusione nucleare rappresenta una delle aree più promettenti e innovative nel campo dell'energia nucleare. Simulando il processo che alimenta il sole e le stelle, la fusione nucleare potrebbe offrire una fonte di energia quasi illimitata e molto meno problematica rispetto alla fissione.

1. Principi della Fusione Nucleare:

- **Processo di Fusione**: La fusione nucleare implica la combinazione di nuclei leggeri, come l'idrogeno isotopico, per formare nuclei più pesanti, liberando enormi quantità di energia. A differenza della fissione, che divide nuclei pesanti, la fusione produce meno rifiuti radioattivi e non comporta il rischio di reazioni a catena incontrollate.

- **Condizioni Necessarie**: Per avviare la fusione, è necessario creare e mantenere condizioni estreme di temperatura e pressione, simili a quelle presenti nel nucleo del sole. Questo richiede l'uso di potenti magneti per confinare il plasma e tecnologie avanzate per riscaldare il plasma a milioni di gradi Celsius.

2. Progetti e Progressi nella Fusione Nucleare:

- **Progetto ITER**: Il reattore ITER (International Thermonuclear Experimental Reactor), in costruzione in Francia, è il progetto di fusione più ambizioso e avanzato a livello mondiale. ITER mira a dimostrare la fattibilità scientifica e tecnologica della fusione come fonte di energia, producendo più energia di quanto consumato per mantenere la reazione.

- **Sviluppi nei Reattori a Fusione**: Altri progetti, come il reattore SPARC e il tokamak spherical, stanno cercando di superare le limitazioni attuali e di accelerare la transizione verso reattori a fusione commerciali. Questi sviluppi potrebbero rendere la fusione nucleare una realtà praticabile entro la metà del secolo.

Nuovi Reattori Nucleari: Innovazioni e Design Avanzati

Accanto alla fusione, l'industria nucleare sta esplorando diverse innovazioni nei design dei reattori per migliorare la sicurezza, l'efficienza e la sostenibilità della fissione nucleare.

1. Reattori di Nuova Generazione:

- **Reattori Veloci e a Saldatura**: I reattori veloci (Fast Breeder Reactors) e i reattori a saldatura (Molten Salt Reactors) offrono la possibilità di utilizzare più efficacemente il combustibile nucleare e ridurre la quantità di rifiuti radioattivi. I reattori a saldatura, ad esempio, operano a temperature più elevate e possono utilizzare il sale fuso come fluido di raffreddamento, migliorando l'efficienza e la sicurezza.

- **Reattori Modulare e Compatti**: I reattori modulari di piccole dimensioni (SMR, Small Modular Reactors) offrono un'opzione flessibile e scalabile per la produzione di energia nucleare. Questi reattori possono essere costruiti in serie e adattati a esigenze specifiche, migliorando la sicurezza e riducendo i costi.

2. Sicurezza e Sostenibilità dei Nuovi Reattori:

- **Sicurezza Avanzata**: I nuovi design dei reattori incorporano avanzamenti significativi nella sicurezza, come sistemi di raffreddamento passivi che funzionano senza elettricità e tecnologie per contenere eventuali malfunzionamenti senza rilascio di materiali radioattivi.

- **Sostenibilità e Economia**: L'ottimizzazione dei cicli del combustibile e la riduzione della produzione di rifiuti sono obiettivi principali dei nuovi reattori. Alcuni design prevedono l'uso di combustibili avanzati e processi che riducono l'impatto ambientale complessivo.

Conclusioni

L'energia nucleare, attraverso l'evoluzione verso la fusione e l'innovazione nei design dei reattori, offre prospettive entusiasmanti per il futuro della produzione di energia sostenibile. Sebbene esistano sfide significative, le tecnologie emergenti hanno il potenziale per trasformare il settore energetico, migliorare la sicurezza e ridurre l'impatto ambientale. Investire nella ricerca e nello sviluppo di queste tecnologie sarà fondamentale per realizzare una transizione energetica efficace e per garantire una fornitura di energia pulita e sicura per le generazioni future.

Scenari di Decrescita Energetica e Modelli di Economia Circolare

Nel contesto della crescente preoccupazione per i cambiamenti climatici e l'esaurimento delle risorse naturali, due approcci emergenti stanno guadagnando attenzione: la decrescita energetica e l'economia circolare. Entrambi i modelli propongono strategie alternative per gestire l'energia e le risorse in modo sostenibile, mirando a ridurre l'impatto ambientale e a promuovere un uso più efficiente delle risorse. Questo capitolo esplora i principi fondamentali di questi approcci e analizza le loro implicazioni per il futuro della sostenibilità.

Decrescita Energetica: Un Paradigma Alternativo per l'Uso dell'Energia

La decrescita energetica è un concetto che si distacca dal paradigma tradizionale della crescita economica continua e illimitata, sostenendo invece una riduzione controllata e pianificata dei consumi energetici e delle risorse naturali. Questo approccio mira a creare un equilibrio tra le esigenze umane e la capacità di rigenerazione del pianeta.

1. Principi della Decrescita Energetica:

- **Riduzione del Consumo Energetico**: La decrescita energetica enfatizza la riduzione del consumo di energia attraverso cambiamenti nei modelli di consumo e nella produzione. Questo può comportare l'adozione di stili di vita più semplici e la promozione di tecnologie a basso consumo energetico.

- **Sostenibilità e Qualità della Vita**: Piuttosto che puntare alla crescita economica incessante, la decrescita energetica si concentra sul miglioramento della qualità della vita e sulla sostenibilità ambientale. Ciò include la valorizzazione delle risorse locali, la riduzione degli sprechi e la promozione di comunità resilienti.

2. Applicazioni e Esempi di Decrescita Energetica:

- **Energie Rinnovabili e Locali**: L'adozione di fonti di energia rinnovabile a livello locale, come l'energia solare e eolica, può ridurre la dipendenza dalle fonti di energia fossile e promuovere la resilienza comunitaria.

- **Modelli di Consumo Sostenibili**: L'implementazione di modelli di consumo che privilegiano prodotti e servizi a basso impatto ambientale e la promozione di stili di vita sostenibili sono essenziali per la decrescita energetica.

Economia Circolare: Ottimizzazione delle Risorse e Riduzione dei Rifiuti

L'economia circolare è un modello di sviluppo che si basa sul concetto di chiusura dei cicli dei materiali e di riduzione degli sprechi. Questo approccio si oppone al tradizionale modello lineare di "prendi-produci-smaltisci" e propone un sistema in cui i prodotti, i materiali e le risorse vengono riutilizzati, riciclati e rigenerati.

1. Principi Fondamentali dell'Economia Circolare:

- **Design per la Durabilità**: I prodotti sono progettati per durare più a lungo e per essere facilmente riparabili. Questo riduce la necessità di produzione continua e minimizza i rifiuti.

- **Riciclo e Riutilizzo**: I materiali sono riciclati e riutilizzati in nuovi prodotti, riducendo la domanda di risorse vergini e abbattendo i rifiuti. Questo richiede sistemi di raccolta e trattamento efficaci e la progettazione di prodotti che facilitino il riciclo.

- **Servitizzazione e Modelli di Business Circolari**: L'economia circolare promuove modelli di business basati su servizi piuttosto che sulla vendita di beni. Ad esempio, i servizi di noleggio e condivisione riducono la necessità di possedere beni e ottimizzano l'uso delle risorse.

2. Implementazione e Esempi di Economia Circolare:

- **Industria del Riciclo**: Settori come il riciclo della plastica e dei metalli stanno evolvendo verso modelli circolari, in cui i materiali vengono recuperati e reintrodotti nel ciclo produttivo.

- **Progettazione Circolare**: Aziende di design e produzione stanno adottando principi di economia circolare, creando prodotti modulari che possono essere facilmente riparati, aggiornati e riciclati.

- **Progetti Pilota e Iniziative Locali**: Diverse città e comunità stanno sperimentando modelli di economia circolare attraverso progetti locali di gestione dei rifiuti, orti urbani e iniziative di economia collaborativa.

Integrazione della Decrescita Energetica e dell'Economia Circolare

L'integrazione di principi di decrescita energetica e economia circolare offre un approccio sinergico per affrontare le sfide ambientali e promuovere la sostenibilità. Combinare questi modelli può portare a una gestione più efficiente delle risorse, ridurre l'impatto ambientale e migliorare la qualità della vita.

1. Sinergie tra Decrescita e Economia Circolare:

- **Riduzione degli Sprechi e Consumo Responsabile**: La decrescita energetica e l'economia circolare condividono l'obiettivo di ridurre gli sprechi e promuovere un consumo responsabile. Implementare pratiche di economia circolare in contesti di decrescita energetica può amplificare gli effetti positivi su sostenibilità e resilienza ambientale.

- **Innovazioni e Strategie Integrate**: Adottare innovazioni tecnologiche e strategie di gestione delle risorse che combinano i principi della decrescita e dell'economia circolare può accelerare la transizione verso un sistema energetico più sostenibile e circolare.

Conclusioni

Scenari di decrescita energetica e modelli di economia circolare offrono approcci alternativi e complementari per gestire le risorse e ridurre l'impatto ambientale. Questi modelli propongono una visione che enfatizza la sostenibilità, l'uso efficiente delle risorse e la riduzione degli sprechi, sfidando le convenzioni del paradigma di crescita economica continua. L'integrazione di questi approcci può portare a un futuro più equo e sostenibile, contribuendo a preservare il pianeta per le generazioni future e promuovendo una maggiore resilienza ambientale.

Innovazioni Tecnologiche e Soluzioni Emergenti

"Le invenzioni non sono il frutto del caso, ma del coraggio di sognare e innovare." – Albert Einstein

Tecnologie di Energia Rinnovabile di Prossima Generazione

Il rapido progresso nelle tecnologie di energia rinnovabile è cruciale per affrontare le sfide del cambiamento climatico e per garantire una transizione efficace verso un sistema energetico sostenibile. Questo capitolo esplora le tecnologie di energia rinnovabile emergenti che promettono di rivoluzionare il panorama energetico, analizzando le loro potenzialità, le sfide e le prospettive future.

1. Energia Solare Avanzata

Le tecnologie di energia solare continuano a evolversi, con sviluppi promettenti che mirano a migliorare l'efficienza e la versatilità dei pannelli solari.

- **Pannelli Solari a Perovskite**: I pannelli solari a perovskite rappresentano un'importante innovazione rispetto ai tradizionali pannelli al silicio. Grazie alla loro capacità di essere prodotti a basso costo e ad alte prestazioni, i materiali a perovskite potrebbero ridurre significativamente il costo della produzione di energia solare. Inoltre, la loro leggerezza e flessibilità li rendono adatti per applicazioni in spazi non convenzionali.

- **Solare a Concentratore (CSP)**: Le tecnologie di solare a concentratore utilizzano specchi o lenti per focalizzare la luce solare su un piccolo area, generando calore ad alta temperatura che può essere utilizzato per produrre elettricità. Le innovazioni in questo campo includono nuovi design di specchi e sistemi di accumulo termico che migliorano l'efficienza e la capacità di produzione.

2. Energie Eoliche di Nuova Generazione

L'energia eolica sta beneficiando di nuove tecnologie che migliorano l'efficienza e l'affidabilità delle turbine eoliche.

- **Turbine Eoliche Galleggianti**: Le turbine eoliche galleggianti sono progettate per essere installate in acque profonde, dove i venti sono più forti e costanti. Questi impianti offrono la possibilità di sfruttare il potenziale eolico in aree marine lontane dalla costa, riducendo i conflitti con l'uso del suolo e minimizzando l'impatto ambientale.

- **Turbine Eoliche Verticali**: Le turbine eoliche a asse verticale sono una tecnologia emergente che può essere installata in ambienti urbani e residenziali. Questo design consente una minore interferenza con il flusso del vento e può essere più adatto per condizioni di vento variabili.

3. Tecnologie Avanzate di Biomassa

La biomassa rimane una fonte importante di energia rinnovabile, con sviluppi tecnologici che mirano a migliorare l'efficienza e la sostenibilità.

- **Biomassa da Alghe**: La coltivazione di alghe per la produzione di biocarburanti è una tecnologia promettente che potrebbe fornire una fonte di energia sostenibile e a basso impatto ambientale. Le alghe crescono rapidamente e possono essere coltivate in ambienti non agricoli, riducendo la competizione con le colture alimentari.

- **Gasificazione della Biomassa**: La gasificazione converte la biomassa in gas combustibile attraverso un processo di alta temperatura in presenza di un agente gassificante. Questo gas può poi essere utilizzato per produrre energia elettrica o come materia prima per la produzione di biocarburanti e prodotti chimici.

4. Tecnologie di Stoccaggio Avanzato

Il progresso nelle tecnologie di stoccaggio è essenziale per migliorare l'affidabilità e l'efficienza delle energie rinnovabili, consentendo una gestione più efficace delle risorse energetiche.

- **Batterie a Stato Solido**: Le batterie a stato solido utilizzano elettroliti solidi anziché liquidi, migliorando la densità energetica e la sicurezza rispetto alle batterie tradizionali. Queste batterie potrebbero rivoluzionare il settore della mobilità elettrica e il stoccaggio dell'energia rinnovabile.

- **Stoccaggio ad Aria Compressa**: Le tecnologie di stoccaggio ad aria compressa (CAES) immagazzinano l'energia comprimendo l'aria in caverne sotterranee durante i periodi di alta produzione e liberandola per generare elettricità quando richiesto. Questo approccio offre una soluzione scalabile e duratura per l'accumulo di energia su larga scala.

5. Energia Geotermica Avanzata

Le tecnologie geotermiche stanno evolvendo per sfruttare più efficacemente le risorse geotermiche disponibili.

- **Geotermia a Bassa Entalpia**: La geotermia a bassa entalpia utilizza il calore a bassa temperatura proveniente dalla terra per riscaldare edifici e acqua. Le nuove tecnologie di scambio termico e pompe di calore geotermiche rendono questa tecnologia più accessibile e economica per le applicazioni residenziali e commerciali.

- **Sistemi Enhanced Geothermal Systems (EGS)**: I sistemi EGS mirano a estrarre energia geotermica da risorse a bassa permeabilità attraverso il miglioramento delle caratteristiche geologiche del sottosuolo. Questa tecnologia potrebbe ampliare significativamente la disponibilità di risorse geotermiche e aumentare la produzione di energia geotermica.

Conclusioni

Le tecnologie di energia rinnovabile di prossima generazione offrono opportunità entusiasmanti per migliorare l'efficienza, la sostenibilità e la disponibilità delle risorse energetiche. L'innovazione continua in settori come l'energia solare, eolica, biomassa, stoccaggio e geotermia è fondamentale per accelerare la transizione verso un sistema energetico sostenibile e a basse emissioni di carbonio. Investire in queste tecnologie e superare le sfide associate può portare a un futuro in cui l'energia rinnovabile gioca un ruolo centrale nel soddisfare le esigenze globali di energia e nella protezione dell'ambiente.

Intelligenza Artificiale e Machine Learning Applicati all'Energia

L'intelligenza artificiale (IA) e il machine learning (ML) stanno trasformando numerosi settori, e l'energia non fa eccezione. Queste tecnologie offrono nuove opportunità per ottimizzare l'uso delle risorse, migliorare l'efficienza operativa e promuovere una gestione più intelligente delle infrastrutture energetiche. Questo capitolo esplora come l'IA e il ML sono applicati all'energia, analizzando le loro applicazioni, i benefici e le sfide.

1. Ottimizzazione della Produzione e Distribuzione Energetica

Le tecniche di IA e ML possono migliorare l'efficienza nella produzione e distribuzione di energia attraverso l'analisi avanzata dei dati e l'automazione dei processi.

- **Previsione della Generazione di Energia**: L'IA può migliorare la previsione della produzione di energia da fonti rinnovabili, come solare ed eolica, utilizzando modelli predittivi basati su dati storici e attuali delle condizioni meteorologiche. Questi modelli possono ottimizzare la pianificazione e la gestione della rete, riducendo i costi e migliorando la stabilità.

- **Gestione della Rete Elettrica**: Le reti elettriche moderne, o smart grids, utilizzano algoritmi di machine learning per monitorare e ottimizzare la distribuzione di energia. Questi algoritmi possono rilevare e risolvere anomalie, prevedere la domanda e adattare la distribuzione in tempo reale per evitare sovraccarichi e interruzioni.

2. Manutenzione Predittiva e Ottimizzazione delle Risorse

L'IA e il ML sono fondamentali per migliorare la manutenzione predittiva e ottimizzare l'uso delle risorse nelle infrastrutture energetiche.

- **Manutenzione Predittiva**: I sistemi di manutenzione predittiva basati su IA analizzano i dati provenienti dai sensori installati su turbine eoliche, impianti solari e altre infrastrutture energetiche per identificare segni di usura o guasti imminenti. Questi sistemi possono programmare interventi di manutenzione prima che si verifichino malfunzionamenti gravi, riducendo i tempi di inattività e i costi di riparazione.

- **Ottimizzazione dell'Efficienza Energetica**: L'IA può ottimizzare l'uso delle risorse energetiche in tempo reale, regolando i processi industriali e residenziali per ridurre il consumo energetico. I modelli di machine learning analizzano i dati di consumo e suggeriscono modifiche per migliorare l'efficienza energetica, come l'adeguamento della temperatura negli edifici o la gestione dei carichi industriali.

3. Gestione Intelligente dei Sistemi di Stoccaggio

Il machine learning gioca un ruolo cruciale nella gestione dei sistemi di stoccaggio dell'energia, migliorando la loro efficienza e capacità.

- **Ottimizzazione delle Batterie**: Gli algoritmi di machine learning possono ottimizzare la ricarica e la scarica delle batterie, prevedere la domanda di energia e gestire i cicli di vita delle batterie. Questo consente di massimizzare la durata e l'efficienza dei sistemi di stoccaggio dell'energia, come quelli utilizzati per le energie rinnovabili e i veicoli elettrici.

- **Stoccaggio Ad Aria Compressa**: I modelli di machine learning possono migliorare la gestione dei sistemi di stoccaggio ad aria compressa, ottimizzando i parametri operativi per aumentare l'efficienza e ridurre i costi. L'analisi dei dati operativi e ambientali aiuta a prevedere e adattare le condizioni di stoccaggio per massimizzare la produzione di energia quando necessario.

4. Integrazione dei Sistemi Energetici e Sostenibilità

L'IA e il ML contribuiscono a una maggiore integrazione dei sistemi energetici e alla promozione della sostenibilità attraverso approcci innovativi.

- **Gestione della Domanda e Offerta**: L'IA può integrare diverse fonti di energia, gestendo la domanda e l'offerta in modo più efficiente. Attraverso algoritmi predittivi e di ottimizzazione, è possibile coordinare la produzione e il consumo di energia per ridurre i costi e migliorare l'affidabilità delle forniture.

- **Sostenibilità e Riduzione delle Emissioni**: Gli strumenti di machine learning analizzano i dati ambientali e energetici per monitorare e ridurre le emissioni di gas serra. I modelli possono prevedere l'impatto ambientale delle operazioni e suggerire modifiche per minimizzare l'impronta ecologica.

5. Sfide e Futuro dell'IA e ML nell'Energia

Nonostante i benefici, l'adozione dell'IA e del ML nel settore energetico presenta alcune sfide.

- **Qualità dei Dati**: La qualità e l'affidabilità dei dati sono fondamentali per il funzionamento efficace dei modelli di IA e ML. Dati incompleti o inaccurati possono compromettere le previsioni e le ottimizzazioni, rendendo essenziale la gestione e la verifica dei dati.

- **Sicurezza e Privacy**: L'uso dell'IA e del ML solleva preoccupazioni relative alla sicurezza dei dati e alla privacy. È necessario implementare misure di sicurezza adeguate per proteggere i dati sensibili e garantire che le tecnologie siano utilizzate in modo etico e responsabile.

- **Costi e Complessità**: L'implementazione di soluzioni basate su IA e ML può comportare costi significativi e una certa complessità tecnica. Le organizzazioni devono valutare attentamente il ritorno sull'investimento e pianificare le risorse necessarie per l'adozione e la manutenzione di queste tecnologie.

Conclusioni

L'intelligenza artificiale e il machine learning stanno trasformando il settore energetico, offrendo opportunità per migliorare l'efficienza, l'affidabilità e la sostenibilità. Le applicazioni in ottimizzazione della produzione e distribuzione, manutenzione predittiva, gestione dei sistemi di stoccaggio e integrazione dei sistemi energetici stanno rivoluzionando il modo in cui gestiamo e utilizziamo l'energia. Tuttavia, è fondamentale affrontare le sfide associate all'adozione di queste tecnologie per realizzare pienamente il loro potenziale e garantire una transizione energetica intelligente e sostenibile. Investire nella ricerca e nello sviluppo dell'IA e del ML sarà cruciale per costruire un futuro energetico più efficiente e sostenibile.

Materiali Avanzati per la Conservazione e Conversione dell'Energia

L'innovazione nei materiali avanzati è fondamentale per migliorare le tecnologie di conservazione e conversione dell'energia. Questi materiali giocano un ruolo cruciale nello sviluppo di soluzioni più efficienti e sostenibili per l'accumulo e la trasformazione dell'energia, rispondendo alle sfide della crescente domanda energetica e delle problematiche ambientali. Questo capitolo esplora i materiali avanzati che stanno emergendo come chiave per rivoluzionare il campo della conservazione e conversione dell'energia, evidenziando i progressi tecnologici e le applicazioni progettuali più promettenti.

1. Materiali per Stoccaggio dell'Energia

Il miglioramento dei materiali per lo stoccaggio dell'energia è essenziale per affrontare l'intermittenza delle fonti rinnovabili e garantire una fornitura di energia affidabile.

- **Batterie a Stato Solido**: Le batterie a stato solido rappresentano un'innovazione significativa rispetto alle batterie tradizionali a base di elettroliti liquidi. Questi materiali solidi offrono maggiore sicurezza, densità energetica più elevata e una vita utile prolungata. Le ricerche sui materiali ceramici e polimerici per elettroliti solidi stanno portando a miglioramenti nella performance e nella stabilità delle batterie.

- **Materiali per Supercondensatori**: I supercondensatori, o condensatori a doppio strato elettrico, utilizzano materiali avanzati come grafene e nanotubi di carbonio per immagazzinare energia. Questi materiali offrono elevata conduttività elettrica e capacità di stoccaggio rapida, rendendo i supercondensatori ideali per applicazioni che richiedono scariche rapide e frequenti.

- **Materiali per Stoccaggio Termico**: I materiali a cambiamento di fase (PCM) e le leghe a base di sali fusi sono utilizzati per il stoccaggio termico dell'energia. Questi materiali possono immagazzinare e rilasciare energia termica a temperature specifiche, migliorando l'efficienza dei sistemi di accumulo di calore e facilitando l'integrazione delle energie rinnovabili.

2. Materiali per Conversione dell'Energia

La conversione dell'energia da una forma all'altra è cruciale per ottimizzare l'uso delle risorse e migliorare l'efficienza energetica.

- **Materiali Fotovoltaici Avanzati**: I materiali fotovoltaici, come i semiconduttori a base di perovskite, stanno rivoluzionando il settore dell'energia solare. Questi materiali offrono alta efficienza di conversione e possono essere utilizzati in celle solari flessibili e leggere, ampliando le applicazioni possibili dei pannelli solari.

- **Materiali per Celle a Combustibile**: Le celle a combustibile utilizzano materiali come membrane a scambio protonico e catalizzatori a base di platino per convertire l'idrogeno in energia elettrica. Le ricerche sui materiali di membrana a base di polimeri e ceramiche, così come i catalizzatori alternativi al platino, stanno migliorando l'efficienza e riducendo i costi delle celle a combustibile.

- **Materiali per Generazione Termoelettrica**: I materiali termoelettrici convertono direttamente il calore in energia elettrica. I materiali avanzati come i composti basati su tellururo di bismuto e i materiali a base di silicio sono in fase di sviluppo per migliorare l'efficienza di conversione e rendere la generazione termoelettrica una soluzione più pratica per il recupero dell'energia termica residua.

3. Materiali per Efficienza Energetica e Riduzione delle Perdite

I materiali avanzati possono contribuire a migliorare l'efficienza energetica riducendo le perdite e migliorando la gestione dell'energia.

- **Isolanti Avanzati**: I materiali isolanti avanzati, come quelli a base di aerogel e schiume ceramiche, offrono eccellenti proprietà di isolamento termico e acustico. Questi materiali riducono le perdite di calore negli edifici e migliorano l'efficienza energetica complessiva degli edifici e dei sistemi di climatizzazione.

- **Materiali a Cambio di Fase per Edifici**: L'uso di materiali a cambiamento di fase negli edifici consente di regolare passivamente la temperatura interna immagazzinando e rilasciando calore. Questi materiali possono migliorare il comfort abitativo e ridurre il fabbisogno di riscaldamento e raffreddamento meccanico.

4. Applicazioni Progettuali e Innovazioni

Le applicazioni progettuali dei materiali avanzati sono varie e spaziano dall'industria energetica alle costruzioni.

- **Progetti di Stoccaggio di Energia Rinnovabile**: In progetti di stoccaggio di energia rinnovabile, l'uso di materiali avanzati come i supercondensatori e le batterie a stato solido sta migliorando l'efficienza e la capacità di accumulo, facilitando l'integrazione di fonti di energia intermittenti come il solare e l'eolico.

- **Efficienza Energetica degli Edifici**: In ambito edilizio, l'implementazione di isolanti avanzati e materiali a cambio di fase contribuisce a edifici a zero emissioni e a basse esigenze energetiche. Questi materiali migliorano la sostenibilità ambientale e riducono i costi operativi degli edifici.

- **Trasporti e Mobilità**: Nei trasporti, l'uso di materiali avanzati nelle batterie e nei supercondensatori sta migliorando le prestazioni dei veicoli elettrici e ibridi. Materiali leggeri e ad alta capacità di stoccaggio energetico sono fondamentali per aumentare l'autonomia e l'efficienza dei veicoli.

Conclusioni

I materiali avanzati per la conservazione e conversione dell'energia rappresentano una frontiera cruciale nella transizione verso un sistema energetico più sostenibile e efficiente. Le innovazioni in materiali per stoccaggio, conversione, efficienza energetica e le loro applicazioni progettuali offrono opportunità significative per migliorare le prestazioni energetiche e ridurre l'impatto ambientale. Continuare a investire nella ricerca e nello sviluppo di questi materiali sarà essenziale per affrontare le sfide future e garantire una fornitura di energia sicura, affidabile e sostenibile.

Implicazioni Socio-Economiche della Transizione Energetica

"Il progresso economico e il benessere sociale devono camminare mano nella mano con la sostenibilità ambientale." – Kofi Annan

Equità Energetica: Accesso, Inclusività e Giustizia Ambientale

Il concetto di equità energetica si riferisce alla giustizia sociale e ambientale nel contesto della distribuzione e dell'accesso alle risorse energetiche. Questo capitolo esplora le dimensioni dell'accesso all'energia, l'inclusività delle politiche energetiche e la giustizia ambientale, analizzando come queste questioni influenzano le comunità a livello globale e locale. La transizione verso un sistema energetico sostenibile deve essere accompagnata da sforzi concreti per garantire che i benefici siano equamente distribuiti e che nessuna comunità sia lasciata indietro.

1. Accesso all'Energia: Disuguaglianze Globali e Locali

L'accesso all'energia è una questione cruciale per lo sviluppo socio-economico e il miglioramento della qualità della vita. Tuttavia, esistono notevoli disuguaglianze nell'accesso all'energia tra paesi sviluppati e in via di sviluppo, e all'interno delle stesse nazioni.

- **Disuguaglianze Globali**: Nei paesi in via di sviluppo, oltre 800 milioni di persone vivono senza accesso a elettricità moderna, e molti altri hanno accesso limitato o intermittente. Questa mancanza di accesso all'energia moderna limita le opportunità di sviluppo economico, educativo e sanitario, impedendo l'adozione di tecnologie che potrebbero migliorare le condizioni di vita.

- **Disuguaglianze Locali**: Anche nei paesi sviluppati, esistono disparità nell'accesso all'energia, spesso influenzate da fattori economici e sociali. Le comunità a basso reddito o quelle situate in aree remote possono affrontare sfide significative nell'accesso a servizi energetici affidabili e a basso costo.

2. Inclusività nelle Politiche Energetiche

Le politiche energetiche devono essere progettate per promuovere l'inclusività e garantire che tutti i gruppi sociali possano beneficiare della transizione energetica.

- **Partecipazione delle Comunità**: È essenziale coinvolgere le comunità locali nel processo di pianificazione e implementazione delle politiche energetiche. Questo include la consultazione dei gruppi comunitari, la considerazione delle loro esigenze specifiche e la creazione di opportunità per la partecipazione attiva nella gestione delle risorse energetiche.

- **Accesso a Tecnologie Pulite**: Le politiche dovrebbero promuovere l'accesso equo alle tecnologie energetiche pulite e sostenibili. Ciò include incentivi per l'adozione di energie rinnovabili, la riduzione delle barriere economiche e l'offerta di supporto tecnico e finanziario per le famiglie e le imprese a basso reddito.

3. Giustizia Ambientale: Impatti e Soluzioni

La giustizia ambientale riguarda la distribuzione equa dei benefici e dei rischi ambientali associati all'uso delle risorse energetiche. Le comunità vulnerabili spesso sopportano un onere sproporzionato in termini di impatti ambientali negativi.

- **Impatto Ambientale sulle Comunità Vulnerabili**: Le comunità a basso reddito e le minoranze spesso vivono in prossimità di impianti industriali e centrali elettriche, esponendosi a inquinamento dell'aria, acqua e suolo. È importante valutare e mitigare questi impatti attraverso politiche che garantiscano la protezione ambientale e la salute pubblica.

- **Politiche di Bonifica e Compensazione**: Le politiche di bonifica devono includere programmi di compensazione per le comunità colpite da attività industriali e energetiche. Questo può includere misure come la riqualificazione ambientale, la creazione di opportunità di lavoro e lo sviluppo di infrastrutture sostenibili.

4. Modelli di Equità Energetica: Esperienze e Buone Pratiche

Esistono diversi modelli e buone pratiche che possono servire da esempio per promuovere l'equità energetica a livello globale e locale.

- **Programmi di Energia Rinnovabile per le Comunità a Basso Reddito**: Alcuni programmi mirano a fornire accesso a energia solare e altre fonti rinnovabili per le famiglie a basso reddito, spesso attraverso sussidi, crediti fiscali e progetti comunitari. Questi programmi possono ridurre le bollette energetiche e migliorare l'autosufficienza energetica.

- **Iniziative di Giustizia Ambientale**: Alcuni paesi e regioni hanno implementato politiche di giustizia ambientale che mirano a ridurre l'esposizione alle sostanze inquinanti e a migliorare la qualità della vita nelle aree vulnerabili. Questi approcci includono la creazione di zone a bassa emissione e la promozione di pratiche industriali sostenibili.

5. Sfide e Opportunità Future

La promozione dell'equità energetica richiede un impegno continuo e l'affrontamento di sfide significative.

- **Sfidare gli Interessi Stabiliti**: Gli sforzi per promuovere l'equità energetica possono incontrare resistenza da parte di interessi economici consolidati. È essenziale lavorare per superare queste resistenze attraverso il dialogo e la collaborazione tra governi, settore privato e società civile.

- **Innovazione e Collaborazione**: La ricerca e l'innovazione nel campo delle tecnologie energetiche devono essere orientate verso soluzioni che migliorino l'accesso e riducano le disuguaglianze. La collaborazione tra enti pubblici, privati e organizzazioni non governative può facilitare l'implementazione di politiche efficaci e sostenibili.

Conclusioni

L'equità energetica è una dimensione cruciale della transizione verso un sistema energetico sostenibile. Garantire l'accesso equo alle risorse energetiche, promuovere l'inclusività nelle politiche e affrontare le ingiustizie ambientali sono passi fondamentali per costruire una società più giusta e sostenibile. La pianificazione e l'implementazione di politiche che considerano le esigenze di tutte le comunità possono contribuire a una transizione energetica che non solo protegge l'ambiente ma migliora anche la qualità della vita per tutti. Investire nell'equità energetica è essenziale per realizzare un futuro in cui i benefici della sostenibilità energetica siano condivisi equamente e giustamente.

Impatti Economici e Sociali della Decarbonizzazione: Occupazione, Investimenti e Costi

La transizione verso un'economia a basse emissioni di carbonio ha implicazioni significative non solo per l'ambiente, ma anche per l'economia e la società nel suo complesso. Questo capitolo esplora gli impatti economici e sociali della decarbonizzazione, analizzando come questa trasformazione influisce sull'occupazione, sugli investimenti e sui costi. Attraverso una comprensione approfondita di questi aspetti, è possibile valutare le opportunità e le sfide che accompagnano il passaggio verso un futuro più sostenibile.

Occupazione e Mercato del Lavoro

La decarbonizzazione può avere effetti profondi sul mercato del lavoro, sia in termini di creazione di nuovi posti di lavoro che di trasformazione di quelli esistenti. I settori emergenti legati all'energia rinnovabile e alla sostenibilità stanno generando nuove opportunità occupazionali. Ad esempio, l'espansione dell'industria solare e eolica richiede professionisti specializzati nella progettazione, installazione e manutenzione degli impianti. Questi nuovi lavori tendono a essere più orientati verso la tecnologia e l'innovazione, richiedendo competenze avanzate.

Tuttavia, la transizione verso un'economia a basse emissioni può anche comportare perdite di posti di lavoro nei settori tradizionali legati ai combustibili fossili. Le industrie del carbone, del petrolio e del gas naturale stanno affrontando una riduzione della domanda e una pressione crescente per ridurre le loro emissioni, il che può portare a licenziamenti e alla necessità di riqualificare la forza lavoro.

In questo contesto, è cruciale implementare programmi di riqualificazione e di supporto per i lavoratori che perdono il loro impiego a causa della transizione. Questi programmi devono fornire formazione per acquisire nuove competenze e facilitare la transizione verso i settori emergenti della green economy.

Investimenti e Innovazione

La decarbonizzazione richiede ingenti investimenti in nuove tecnologie e infrastrutture. L'allocazione di risorse per lo sviluppo e l'implementazione di soluzioni energetiche pulite è essenziale per raggiungere gli obiettivi di riduzione delle emissioni. Gli investimenti nella ricerca e nello sviluppo di tecnologie verdi, come i sistemi di stoccaggio dell'energia, le reti intelligenti e le soluzioni di mobilità elettrica, sono fondamentali per accelerare la transizione.

Inoltre, gli investimenti in infrastrutture verdi, come edifici ad alta efficienza energetica e reti di trasporto sostenibili, possono stimolare la crescita economica e creare opportunità di lavoro. Le politiche pubbliche e gli incentivi fiscali possono giocare un ruolo chiave nel promuovere tali investimenti, offrendo supporto finanziario alle imprese e ai progetti che contribuiscono alla sostenibilità ambientale.

Tuttavia, la transizione può anche comportare sfide finanziarie. Gli alti costi iniziali associati alle tecnologie verdi possono rappresentare un ostacolo per alcune imprese e per le economie a basso reddito. È fondamentale sviluppare meccanismi di finanziamento innovativi e garantire un accesso equo agli investimenti per facilitare l'adozione di tecnologie sostenibili a livello globale.

Costi e Benefici della Transizione

La valutazione dei costi e dei benefici della decarbonizzazione è complessa e richiede una considerazione approfondita degli impatti a lungo termine. Sebbene la transizione verso un'economia a basse emissioni possa comportare costi iniziali elevati, i benefici a lungo termine possono superare di gran lunga questi investimenti.

I costi immediati possono includere la riconversione degli impianti industriali, l'installazione di nuove tecnologie e la spesa per la formazione dei lavoratori. Tuttavia, i benefici a lungo termine includono la riduzione delle spese per la salute pubblica dovuta alla diminuzione dell'inquinamento, la minore dipendenza dalle importazioni di combustibili fossili e la creazione di un'economia più resiliente alle fluttuazioni dei prezzi energetici.

Inoltre, la decarbonizzazione può generare risparmi significativi attraverso l'efficienza energetica e la riduzione delle perdite. L'adozione di tecnologie più pulite e più efficienti può ridurre i costi operativi e migliorare la competitività delle imprese, contribuendo a una crescita economica sostenibile.

Conclusioni

La decarbonizzazione presenta sfide e opportunità economiche e sociali significative. Mentre la transizione verso un'economia a basse emissioni di carbonio può comportare cambiamenti nel mercato del lavoro e richiedere ingenti investimenti, essa offre anche opportunità per la creazione di nuovi posti di lavoro, la promozione dell'innovazione e la generazione di benefici a lungo termine. Affrontare le sfide associate alla transizione richiede una pianificazione attenta, politiche di supporto e un impegno per garantire che i benefici siano condivisi equamente tra tutti i settori e le comunità. La creazione di una società più sostenibile e giusta dipende dalla capacità di gestire questi cambiamenti in modo equilibrato e inclusivo.

Il Ruolo della Società Civile e delle Comunità Locali nella Transizione Energetica

La transizione energetica verso un sistema più sostenibile non può essere realizzata esclusivamente attraverso azioni a livello governativo o industriale; la partecipazione attiva della società civile e delle comunità locali è cruciale. Questo capitolo esplora il ruolo significativo che le organizzazioni della società civile e le comunità locali svolgono nella promozione e nell'implementazione della transizione energetica, analizzando le loro iniziative, influenze e contributi.

Partecipazione e Advocacy della Società Civile

La società civile, attraverso organizzazioni non governative (ONG), gruppi di pressione e associazioni locali, svolge un ruolo fondamentale nel sensibilizzare l'opinione pubblica, influenzare le politiche e promuovere pratiche sostenibili.

- **Sensibilizzazione e Educazione**: Le ONG e i gruppi di advocacy lavorano per aumentare la consapevolezza riguardo alle problematiche ambientali e alle opportunità della transizione energetica. Attraverso campagne di informazione, eventi pubblici e programmi educativi, queste organizzazioni aiutano a educare il pubblico sui benefici delle energie rinnovabili, dell'efficienza energetica e della sostenibilità.

- **Influenza sulle Politiche Pubbliche**: Le organizzazioni della società civile esercitano pressione sui governi e sulle istituzioni per adottare politiche più ambiziose e sostenibili. Attraverso la presentazione di studi, rapporti e proposte di legge, queste organizzazioni contribuiscono alla definizione di politiche che promuovono la riduzione delle emissioni di carbonio e l'adozione di tecnologie verdi.

Iniziative e Progetti a Livello Comunitario

Le comunità locali sono spesso in prima linea nell'implementazione di soluzioni energetiche sostenibili e nell'adattamento alle nuove realtà energetiche. Le iniziative a livello locale possono variare da progetti di energia rinnovabile a piccola scala a programmi di efficienza energetica.

- **Progetti di Energia Rinnovabile Comunitaria**: Le iniziative locali, come i progetti di energia solare comunitaria, le cooperative energetiche e i parchi eolici locali, consentono alle comunità di produrre e gestire la propria energia. Questi progetti non solo contribuiscono alla sostenibilità energetica, ma rafforzano anche l'autonomia e la resilienza delle comunità locali.

- **Iniziative di Risparmio Energetico e Efficienza**: Le comunità locali possono adottare pratiche di risparmio energetico, come la ristrutturazione di edifici con materiali ad alta efficienza e l'implementazione di sistemi di gestione dell'energia. Questi sforzi possono ridurre i costi energetici e migliorare il comfort abitativo, contribuendo alla sostenibilità ambientale.

Coinvolgimento e Empowerment delle Comunità

Il coinvolgimento diretto delle comunità locali nel processo decisionale e nella gestione dei progetti energetici è essenziale per garantire che le soluzioni siano adeguate alle loro esigenze e realizzabili a lungo termine.

- **Partecipazione alla Pianificazione e alla Gestione**: Le comunità dovrebbero essere coinvolte nelle fasi di pianificazione e gestione dei progetti energetici. Questo può includere la partecipazione a tavoli di discussione, consultazioni pubbliche e comitati di gestione. Il coinvolgimento delle comunità garantisce che le soluzioni siano adattate ai contesti locali e che le preoccupazioni della popolazione siano prese in considerazione.

- **Empowerment e Capacità di Azione**: Le iniziative per l'empowerment delle comunità possono includere la formazione e il supporto tecnico per l'implementazione di tecnologie sostenibili. Fornire alle comunità gli strumenti e le conoscenze necessarie per gestire i propri progetti energetici rafforza la loro capacità di agire e di influenzare positivamente il proprio ambiente.

Esempi di Successo e Best Practices

Numerosi esempi di successo dimostrano l'efficacia della partecipazione della società civile e delle comunità locali nella transizione energetica.

- **Progetti di Energia Rinnovabile Comunitaria**: In molte regioni, le comunità hanno avviato progetti di energia solare e eolica che non solo riducono le emissioni di carbonio ma forniscono anche benefici economici locali. Questi progetti spesso coinvolgono la partecipazione dei residenti nella progettazione, finanziamento e gestione, garantendo un maggiore successo e sostenibilità.

- **Iniziative di Educazione e Sensibilizzazione**: Le campagne di sensibilizzazione e i programmi educativi promossi dalle ONG hanno portato a un aumento della consapevolezza e a comportamenti più sostenibili tra i cittadini. Questi programmi spesso includono workshop, corsi e materiali educativi che incoraggiano l'adozione di pratiche ecologiche e la partecipazione a iniziative locali.

Sfide e Opportunità Future

Nonostante i numerosi benefici della partecipazione della società civile e delle comunità locali, ci sono anche sfide che devono essere affrontate.

- **Resistenza e Incertezze**: Le comunità possono incontrare resistenza al cambiamento e incertezze riguardo ai nuovi progetti energetici. È essenziale affrontare queste preoccupazioni attraverso un dialogo aperto, la fornitura di informazioni chiare e la costruzione di fiducia.

- **Sostenibilità e Scalabilità**: Garantire la sostenibilità a lungo termine e la scalabilità delle iniziative locali è una sfida importante. È necessario sviluppare modelli di business sostenibili e fornire supporto continuo per assicurare il successo e l'espansione dei progetti.

Conclusioni

Il ruolo della società civile e delle comunità locali è fondamentale nella transizione verso un sistema energetico sostenibile. Attraverso la sensibilizzazione, l'influenza sulle politiche e la partecipazione a progetti locali, questi attori contribuiscono significativamente alla realizzazione di una transizione energetica equa ed efficace. È essenziale continuare a supportare e rafforzare il loro coinvolgimento, garantendo che le soluzioni energetiche rispondano alle esigenze locali e promuovano la sostenibilità a lungo termine. Investire nella partecipazione della società civile e delle comunità locali non solo accelera la transizione energetica, ma costruisce anche una base solida per un futuro più giusto e sostenibile.

Conclusioni

"Concludere un viaggio non è la fine, ma il punto di partenza per una nuova avventura." – John F. Kennedy

Riflessioni Finali e Prospettive

"Le riflessioni di oggi sono le fondamenta sui cui costruire le soluzioni di domani." – Nelson Mandela

Sintesi delle Sfide e Opportunità per un Futuro Energetico Sostenibile

La transizione verso un futuro energetico sostenibile presenta una serie di sfide e opportunità che devono essere affrontate con un approccio integrato e strategico. Questo capitolo sintetizza le principali difficoltà e le possibilità emergenti che caratterizzano il percorso verso un sistema energetico che rispetti le esigenze ambientali, economiche e sociali del XXI secolo.

Sfide Principali nella Transizione Energetica
La transizione energetica è un processo complesso che implica numerose sfide tecniche, economiche e sociali.

- **Infrastrutture e Tecnologia**: La modernizzazione delle infrastrutture esistenti e la costruzione di nuove reti intelligenti rappresentano una sfida significativa. Le tecnologie di energia rinnovabile, sebbene promettenti, richiedono investimenti considerevoli e la risoluzione di problemi tecnici legati alla loro integrazione nel sistema energetico esistente. Ad esempio, la variabilità della produzione di energia eolica e solare richiede soluzioni avanzate di stoccaggio e gestione della domanda per garantire un approvvigionamento continuo e affidabile.

- **Costi e Finanziamenti**: I costi iniziali elevati associati alla transizione energetica possono essere un ostacolo per molte economie e imprese. Gli investimenti necessari per sviluppare e implementare tecnologie pulite e ristrutturare le infrastrutture energetiche devono essere bilanciati con la necessità di garantire una crescita economica sostenibile. Inoltre, è essenziale sviluppare meccanismi finanziari innovativi e politiche di supporto per facilitare l'accesso ai capitali e distribuire equamente gli oneri finanziari.

- **Resistenza al Cambiamento**: La transizione verso un sistema energetico sostenibile può incontrare resistenza da parte di settori consolidati e interessi economici radicati. Le industrie dei combustibili fossili, in particolare, possono opporsi ai cambiamenti che minacciano i loro modelli di business tradizionali. È fondamentale gestire queste resistenze attraverso il dialogo, la creazione di incentivi e il coinvolgimento di tutti gli attori nella definizione delle strategie di transizione.

- **Impatto Sociale e Occupazione**: La transizione energetica comporta cambiamenti significativi nel mercato del lavoro, con la possibile perdita di posti di lavoro nei settori tradizionali dei combustibili fossili e la necessità di riqualificare la forza lavoro. È essenziale sviluppare politiche che facilitino la transizione per i lavoratori, offrano opportunità di formazione e creino nuovi posti di lavoro nei settori emergenti.

Opportunità per un Futuro Energetico Sostenibile
Nonostante le sfide, la transizione energetica offre numerose opportunità che possono portare a benefici significativi a lungo termine.

- **Innovazione e Crescita Economica**: La transizione verso le energie rinnovabili e le tecnologie pulite stimola l'innovazione e può favorire la crescita economica. Investire in ricerca e sviluppo, nuove tecnologie e soluzioni sostenibili può generare nuove opportunità di mercato e migliorare la competitività a livello globale. Le tecnologie emergenti, come le reti intelligenti e i sistemi avanzati di stoccaggio dell'energia, hanno il potenziale di trasformare il panorama energetico e creare nuove industrie e posti di lavoro.

- **Benefici Ambientali e Salute Pubblica**: La riduzione delle emissioni di gas serra e l'adozione di tecnologie a basse emissioni possono portare a miglioramenti significativi nella qualità dell'aria e dell'acqua, riducendo i rischi per la salute pubblica. Una transizione energetica ben gestita contribuisce anche alla preservazione degli ecosistemi naturali e alla mitigazione dei cambiamenti climatici, con effetti positivi a lungo termine per l'ambiente e la biodiversità.

- **Sostenibilità e Resilienza**: Adottare un sistema energetico sostenibile aumenta la resilienza delle economie e delle comunità ai cambiamenti climatici e alle fluttuazioni dei prezzi energetici. L'energia rinnovabile e l'efficienza energetica riducono la dipendenza dalle importazioni di combustibili fossili e migliorano la sicurezza energetica, contribuendo a una maggiore stabilità economica e sociale.

- **Equità e Inclusione**: La transizione energetica offre opportunità per promuovere l'equità e l'inclusione, garantendo che tutti i gruppi sociali e le comunità abbiano accesso ai benefici delle tecnologie sostenibili. Iniziative come i progetti di energia rinnovabile comunitaria e i programmi di efficienza energetica per le famiglie a basso reddito possono contribuire a ridurre le disuguaglianze e migliorare la qualità della vita per tutti.

Conclusioni

La transizione verso un futuro energetico sostenibile è una sfida complessa ma necessaria, che presenta sia difficoltà che opportunità. Affrontare le sfide richiede un approccio integrato che coinvolga tutti gli attori della società, compresi governi, imprese, organizzazioni della società civile e comunità locali. Allo stesso tempo, le opportunità offerte dalla transizione energetica possono portare a benefici significativi in termini di innovazione, crescita economica, miglioramento ambientale e giustizia sociale. È essenziale mantenere un impegno costante verso l'adozione di soluzioni sostenibili e l'attuazione di politiche efficaci per garantire un futuro energetico equo e prospero per tutti.

Il Ruolo delle Politiche, della Tecnologia e della Consapevolezza Pubblica

Il percorso verso un futuro energetico sostenibile è guidato da una sinergia tra politiche governative, innovazione tecnologica e consapevolezza pubblica. Questo capitolo esplora come ciascuno di questi elementi contribuisce alla transizione energetica e come la loro interazione possa accelerare il cambiamento verso un sistema energetico più sostenibile e resiliente.

Politiche e Regolamentazioni: Il Quadro Normativo per la Transizione

Le politiche pubbliche e le regolamentazioni giocano un ruolo cruciale nel guidare la transizione energetica. Attraverso leggi, regolamenti e incentivi, i governi possono orientare le economie verso pratiche più sostenibili e stimolare l'adozione di tecnologie verdi.

- **Legislazione e Normative**: I governi adottano leggi e normative per ridurre le emissioni di gas serra, promuovere l'efficienza energetica e incentivare l'uso delle energie rinnovabili. Ad esempio, le normative sui limiti di emissioni per le industrie e i veicoli, i requisiti per l'efficienza energetica degli edifici e le norme sui biocarburanti sono strumenti fondamentali per raggiungere gli obiettivi climatici e ambientali.

- **Incentivi e Sostegni Finanziari**: Gli incentivi fiscali, i sussidi e i finanziamenti pubblici sono essenziali per rendere le tecnologie sostenibili più accessibili e competitive. I programmi di supporto per l'installazione di pannelli solari, l'acquisto di veicoli elettrici e la ristrutturazione energetica degli edifici aiutano a ridurre i costi iniziali e accelerare l'adozione di soluzioni ecologiche.

- **Piani e Strategie Nazionali**: I piani e le strategie nazionali per l'energia e il clima, come i Piani Nazionali per l'Energia e il Clima (NECP) nell'Unione Europea, stabiliscono obiettivi chiari e misure per la transizione energetica. Questi piani definiscono le priorità, le azioni e i meccanismi di monitoraggio necessari per raggiungere una maggiore sostenibilità.

Tecnologia: Innovazione e Sviluppo per la Sostenibilità

L'innovazione tecnologica è al centro della transizione energetica, offrendo soluzioni per migliorare l'efficienza, ridurre le emissioni e integrare le energie rinnovabili nel sistema energetico.

- **Tecnologie Rinnovabili**: Le tecnologie per la produzione di energia da fonti rinnovabili, come il solare, l'eolico, la biomassa e l'idroelettrico, sono fondamentali per ridurre la dipendenza dai combustibili fossili. L'ulteriore sviluppo e ottimizzazione di queste tecnologie possono migliorare l'efficienza e abbattere i costi, rendendo l'energia rinnovabile sempre più competitiva.

- **Stoccaggio e Reti Intelligenti**: Il miglioramento delle tecnologie di stoccaggio dell'energia, come le batterie e le soluzioni a idrogeno, è essenziale per gestire la variabilità della produzione di energia rinnovabile. Le reti intelligenti, o smart grids, permettono una gestione più efficiente e flessibile dell'energia, facilitando l'integrazione delle fonti rinnovabili e migliorando la resilienza del sistema energetico.

- **Efficienza Energetica**: Le tecnologie per l'efficienza energetica, come i sistemi di illuminazione a LED, i dispositivi intelligenti per la gestione dell'energia e le tecnologie di riscaldamento e raffreddamento avanzate, contribuiscono a ridurre il consumo di energia e migliorare la sostenibilità degli edifici e dei processi industriali.

Consapevolezza Pubblica: Educazione e Coinvolgimento

La consapevolezza e l'impegno del pubblico sono cruciali per il successo della transizione energetica. La comprensione dei benefici e delle necessità della sostenibilità può influenzare positivamente le scelte individuali e collettive.

- **Educazione Ambientale**: I programmi educativi e le campagne di sensibilizzazione giocano un ruolo chiave nell'aumentare la consapevolezza riguardo alle questioni ambientali e alle soluzioni sostenibili. Attraverso scuole, università, media e organizzazioni comunitarie, è possibile informare e formare il pubblico su come le azioni quotidiane possano contribuire alla riduzione delle emissioni e al risparmio energetico.

- **Partecipazione e Azione Comunitaria**: Il coinvolgimento della comunità in iniziative locali e progetti di sostenibilità può favorire un cambiamento a livello di base. I gruppi locali possono promuovere progetti di energia rinnovabile, organizzare eventi di educazione ambientale e implementare pratiche di risparmio energetico, creando una cultura di sostenibilità e responsabilità.

- **Supporto ai Comportamenti Sostenibili**: Politiche e incentivi che incoraggiano comportamenti sostenibili, come la riduzione dei rifiuti, il riciclo e l'uso di trasporti pubblici o veicoli elettrici, possono influenzare le scelte dei cittadini e favorire una transizione energetica più rapida. I programmi di premiazione e le campagne pubblicitarie possono motivare ulteriormente le persone a adottare comportamenti ecologici.

Conclusioni

Il successo della transizione energetica dipende dall'interazione efficace tra politiche, tecnologie e consapevolezza pubblica. Le politiche governative e le regolamentazioni creano il contesto e gli incentivi per il cambiamento, mentre l'innovazione tecnologica offre soluzioni pratiche e sostenibili. La consapevolezza pubblica e l'impegno della comunità sono essenziali per garantire che le politiche e le tecnologie siano adottate e sostenute a livello di base. Un approccio integrato che unisca questi tre elementi è fondamentale per costruire un futuro energetico sostenibile e resiliente. La collaborazione tra governi, imprese, comunità e cittadini sarà la chiave per affrontare le sfide e sfruttare le opportunità della transizione energetica.

Verso un Nuovo Paradigma Energetico: Strategie per la Resilienza e la Sostenibilità

L'ultimo capitolo di questo libro si concentra sulla costruzione di un nuovo paradigma energetico che non solo affronti le sfide immediate della transizione, ma che promuova anche la resilienza e la sostenibilità a lungo termine. In un contesto di rapidi cambiamenti climatici e sfide globali, è imperativo adottare strategie che garantiscano un futuro energetico solido, equo e sostenibile.

Definire il Nuovo Paradigma Energetico

Il nuovo paradigma energetico si basa su tre principi fondamentali: sostenibilità, resilienza e inclusività. Questi principi guideranno la trasformazione del sistema energetico verso un modello che risponde alle sfide climatiche, garantisce l'accesso equo all'energia e favorisce un'economia a basse emissioni di carbonio.

- **Sostenibilità**: L'obiettivo è costruire un sistema energetico che riduca al minimo l'impatto ambientale, promuova l'uso efficiente delle risorse e favorisca la protezione degli ecosistemi. Le fonti di energia rinnovabile, l'efficienza energetica e la riduzione delle emissioni devono essere al centro delle politiche e delle pratiche energetiche.

- **Resilienza**: La resilienza si riferisce alla capacità del sistema energetico di adattarsi e rispondere alle perturbazioni, come eventi climatici estremi, crisi geopolitiche e cambiamenti nel mercato energetico. È essenziale sviluppare infrastrutture flessibili, diversificare le fonti di energia e migliorare la gestione del rischio per garantire un approvvigionamento energetico stabile e sicuro.

- **Inclusività**: L'inclusività implica garantire che tutti i gruppi sociali e le comunità abbiano accesso equo ai benefici della transizione energetica. Questo include promuovere la giustizia sociale, offrire opportunità di partecipazione e assicurare che i costi e i benefici della transizione siano distribuiti in modo equo.

Strategie per la Resilienza Energetica

Per costruire un sistema energetico resiliente, è cruciale adottare strategie che affrontino le vulnerabilità e migliorino la capacità di risposta alle crisi.

- **Diversificazione delle Fonti di Energia**: La diversificazione delle fonti di energia, attraverso l'integrazione di rinnovabili, tecnologie avanzate e fonti alternative, riduce la dipendenza da singole fonti e migliora la sicurezza energetica. Investire in una gamma di tecnologie e risorse aiuta a mitigare il rischio associato a fluttuazioni di mercato e interruzioni dell'approvvigionamento.

- **Modernizzazione delle Infrastrutture**: L'aggiornamento delle infrastrutture energetiche esistenti e la costruzione di nuove reti intelligenti possono aumentare l'efficienza e la flessibilità del sistema. Le smart grids, le soluzioni di stoccaggio avanzato e le tecnologie di gestione della domanda sono essenziali per migliorare la resilienza e garantire un approvvigionamento energetico continuo.

- **Preparazione e Risposta alle Emergenze**: Sviluppare piani di emergenza e strategie di risposta per affrontare eventi estremi e interruzioni è fondamentale. Le simulazioni, i test di resilienza e i protocolli di emergenza aiutano a preparare il sistema energetico a rispondere rapidamente e efficacemente a situazioni critiche.

Strategie per la Sostenibilità Energetica
Le strategie per la sostenibilità energetica mirano a ridurre l'impatto ambientale, promuovere l'uso responsabile delle risorse e garantire una transizione equa.

- **Promozione delle Energie Rinnovabili**: Accelerare l'adozione delle energie rinnovabili attraverso politiche di sostegno, incentivi e investimenti è cruciale per ridurre le emissioni di carbonio e la dipendenza dai combustibili fossili. L'espansione delle tecnologie solari, eoliche, idroelettriche e geotermiche è fondamentale per un futuro energetico sostenibile.

- **Efficienza Energetica e Conservazione**: Implementare misure di efficienza energetica e promuovere la conservazione delle risorse energetiche aiuta a ridurre il consumo e le emissioni. Le tecnologie per l'efficienza energetica negli edifici, nei trasporti e nei processi industriali devono essere diffuse e migliorate.

- **Economia Circolare**: Adottare principi di economia circolare per la gestione delle risorse e dei rifiuti energetici contribuisce alla sostenibilità. Riutilizzare, riciclare e ridurre i materiali e i prodotti associati all'energia minimizza gli sprechi e promuove una gestione più responsabile delle risorse.

Promuovere l'Inclusività e la Giustizia Sociale

Per garantire che la transizione energetica sia equa e inclusiva, è necessario adottare strategie che promuovano la partecipazione e l'accesso per tutti.

- **Accesso Equo all'Energia**: Assicurare che tutti i gruppi sociali, comprese le popolazioni vulnerabili e le comunità a basso reddito, abbiano accesso all'energia sostenibile e a basso costo è fondamentale. Le politiche devono mirare a ridurre le disuguaglianze e garantire che i benefici della transizione siano condivisi equamente.

- **Partecipazione e Coinvolgimento**: Promuovere la partecipazione attiva delle comunità e degli individui nella pianificazione e nell'implementazione di progetti energetici contribuisce a una transizione più equa e accettata. La partecipazione comunitaria, le consultazioni pubbliche e il coinvolgimento delle parti interessate sono essenziali per garantire che le decisioni riflettano le esigenze e le priorità locali.

- **Formazione e Opportunità**: Offrire opportunità di formazione e riqualificazione per la forza lavoro e sostenere iniziative locali di sviluppo economico aiuta a garantire che la transizione energetica crei opportunità e benefici per tutti. Programmi di educazione e formazione possono preparare le persone a nuove carriere nel settore delle energie rinnovabili e delle tecnologie verdi.

Conclusioni

Il percorso verso un nuovo paradigma energetico richiede un impegno collettivo per affrontare le sfide e sfruttare le opportunità della transizione energetica. Attraverso la combinazione di politiche efficaci, innovazione tecnologica e consapevolezza pubblica, è possibile costruire un sistema energetico che sia resiliente, sostenibile e inclusivo. Il futuro energetico dipende dalla nostra capacità di adottare strategie che garantiscano una gestione responsabile delle risorse, promuovano l'uguaglianza e preparino il sistema a rispondere alle sfide globali. Investire in un nuovo paradigma energetico non solo contribuirà a mitigare i cambiamenti climatici e a preservare l'ambiente, ma anche a costruire una società più giusta e prospera per le generazioni future.

*9 7 9 8 3 3 5 1 4 1 9 4 9 *